电动机控制电路400问

杨清德　主编

科学出版社

北京

内 容 简 介

本书共6章，采用问答方式，精选出近400个关于电动机控制电路的具有代表性和实用性的常用问题予以解答。主要内容包括电动机及其基本控制技术，电动机启动制动控制电路，电动机运行控制电路，电动机控制电路的典型应用实例，PLC控制电动机电路和变频器控制电动机电路。

本书内容丰富、图文并茂、简明易懂，适合于电工从业人员、电工初学者阅读，也可作为各大中型院校馆藏图书供电工、自动化及相关专业师生阅读参考。

图书在版编目（CIP）数据

电动机控制电路400问/杨清德主编.—北京：科学出版社，
2013.4
　　ISBN 978-7-03-036711-2

　　Ⅰ.电… Ⅱ.杨… Ⅲ.电动机-控制电路-问题解答
Ⅳ.TM320.12-44

中国版本图书馆CIP数据核字（2013）第029997号

责任编辑：孙力维　杨　凯 / 责任制作：董立颖　魏　谨
责任印制：赵德静

北京东方科龙图文有限公司 制作
http://www.okbook.com.cn

科 学 出 版 社 出版
北京东黄城根北街16号
邮政编码：100717
http://www.sciencep.com

北京佳艺恒彩印刷有限公司 印刷
科学出版社发行 各地新华书店经销

*

2013年4月第 一 版　　开本：A5（890×1240）
2014年4月第二次印刷　　印张：11 1/2
印数：4 001—6 000　　字数：360 000

定价：35.00元
（如有印装质量问题，我社负责调换）

前　言

电工技术日新月异，工作之中孰能无惑；一问一答有问必答，轻松愉悦答疑解惑。

为满足电气行业在岗从业人员及电工初学者较快、较好地掌握电工基本技能的需要，我们策划和组织编写了一系列问答图书。这些书都是非常实用的活教材，师傅在身边随时手把手指导你，助你活学活用书中的电工知识和技能，可在短时间内增强你的实际工作能力。

目前，该系列图书包括《电工技能400问》、《电动机控制电路400问》、《电工仪表400问》和《电工识图400问》。这些书采用问答方式，共精选出1500多个具有代表性和实用性的常用问题予以解答。

《电工技能400问》是一本电工必须掌握的基础知识与操作技能的入门书籍，比较系统地介绍了电工常用工具及仪表的使用，电工基本操作技能及常用电工元器件的识别与使用，常用高、低压电器的识别及使用，三相异步电动机应用技能，室内电气线路及设备安装技能，室外电气工程施工技能。

《电动机控制电路400问》是一本帮助电工较好地理解和掌握电动机控制技术的基础知识，提高电工分析控制电路技能的读物，比较全面地介绍了电动机及其基本控制技术，电动机启动制动控制电路，电动机运行控制电路，电动机控制电路的典型应用实例，PLC控制电动机电路，变频器控制电动机电路。

《电工仪表400问》是一本帮助电工学习和掌握电工仪表检测技能的工具书，书中针对不同电工工种实际岗位的需要，系统地介绍了指针式万用表、数字式万用表、兆欧表和钳形电流表、电流表和电压表、转速表和功率表、电能表和防雷元件测试仪等电工仪表的操作规范及使用方法。同时还介绍了高压绝缘电阻测试仪、回路电阻测试仪、泄漏电流测试仪、双钳口接地电阻测试仪和电缆故障测试仪等新型电工仪表的使用方法。

《电工识图400问》是一本帮助从事电气安装、调试、维修等作业的电工从业人员提高识读各种电气图能力的专业技术普及读物，系统地介绍了电工识图入门基础知识，建筑电气识图，高、低压供配电系统图识读，三相异步电动机电气控制图识读，常用普通机床及数控机床控制电路图识读。

本书不仅回答了电工在实际工作中最容易遇到的一些典型问题及疑难问题，同时也将相关问题涉及的各个知识点以问题的形式提出，并一一加以解答。内容由浅入深，读者可在答疑解惑的过程中学习相关知识和技能。本书用简洁的语言，将读者在实际工作过程中可能遇到的各类问题提炼出来，集中在一起，着重于解决问题。读者有书可查、有数据可对，针对性强，实用性强。

本书由特级教师、高级讲师、高级技师、高级双师型教师杨清德担任主编，任成明担任副主编，参加编写的还有冉洪俊、胡萍、黎平、谭定轩、先力、余明飞、刘华光、成世兵、乐发明、黎光英、赵顺洪、杨鸿等同志。

由于编者水平有限，加之时间仓促，书中难免存在缺点和不当之处，敬请各位读者批评指正，盼赐教至主编的电子邮箱yqd611@163.com，以期再版时修改。

编　者

目　录

第 2 章　电动机启动制动控制电路

第 4 章　电动机控制电路典型应用

第 5 章　PLC 控制电动机电路

第 1 章
电动机及其
基本控制技术

1.1 常用电动机简介

什么是电动机？它有何作用？

答：电动机是一种把电能转换成机械能的设备，人们有时候把它简称为电机，在我国南方俗称"马达"，在北方俗称"电滚子"，在电路中用字母"M"表示。

电动机是用来做功的动力机器，它是利用通电线圈在磁场中受力转动的原理制成的，它把输入的电能转变成机械能而输出，送到各种用电设备或生产机械上，通过电动机拖动生产机械或用电设备运行。也就是说，电动机的主要作用是产生驱动力矩，作为用电设备或机械设备的动力源。

电动机的发展大体上可以分为四个阶段：直流电动机→交流电动机→控制电动机→特种电动机。

电动机能提供的功率范围很大，从毫瓦级到万千瓦级。电动机的使用和控制非常方便，具有启动、加速、制动、反转、掣住等能力，能满足各种运行要求；电动机的工作效率较高，又没有烟尘、气味，不污染环境，噪声也较小。由于它的一系列优点，所以在工农业生产、交通运输、国防、商业及家用电器、医疗电器设备等方面广泛应用。

电动机有哪些类型？

答：电动机是一种实现能量转换或信号转换的电磁装置，其应用非常广泛，种类繁多。我们一般是根据电动机的分类来区别电动机的。电动机的分类见表1.1。

表1.1　电动机分类

分类方法	种　类			
按工作电源分	直流电动机	有刷直流电动机	永磁直流电动机	
			电磁直流电动机	
		无刷直流电动机	稀土永磁直流电动机	
			铁氧体永磁直流电动机	
			铝镍钴永磁直流电动机	
	交流电动机	单相电动机	单相电阻启动异步电动机	
			单相电容启动异步电动机	
			单相电容运转异步电动机	
			单相电容启动和运转异步电动机	
			单相罩极式异步电动机	
		三相电动机	三相笼形异步电动机	
			三相绕线型异步电动机	
按结构及工作原理分	同步电动机	永磁同步电动机		
		磁阻同步电动机		
		磁滞同步电动机		
	异步电动机	感应电动机	三相异步电动机	
			单相异步电动机	
			罩极异步电动机	
		交流换向器电动机	单相串励电动机	
			交直流两用电动机	
			推斥电动机	

分类方法	种 类		
按用途分	驱动用电动机	电动工具用电动机（包括钻孔、抛光、磨光、开槽、切割、扩孔等工具用电动机）	
		家电用电动机（包括洗衣机、电风扇、电冰箱、空调器等家电用电动机）	
		其他通用小型机械设备（包括各种小型机床、小型机械、医疗器械、电子仪器等设备用电动机）	
	控制用电动机	步进电动机	
		伺服电动机	
按转子结构分	笼型感应电动机		
	绕线转子感应电动机		
按运转速度分	高速电动机		
	低速电动机	齿轮减速电动机	
		电磁减速电动机	
		力矩电动机	
		爪极同步电动机	
	恒速电动机		
	调速电动机	有级恒速电动机	
		无级恒速电动机	
		有级变速电动机	
		无级变速电动机	
		电磁调速电动机	
		直流调速电动机	
		PWM变频调速电动机	
		开关磁阻调速电动机	

电动机的型号是如何规定的？

答：电动机型号是便于使用、设计、制造等部门进行业务联系和简化技术文件中产品名称、规格、形式等叙述而引用的一种代号。产品代号是由电动机类型代号、特点代号和设计序号等三个部分组成。

电动机类型代号：Y表示异步电动机；T表示同步电动机；例如，某电动机的型号标示为Y2-160M2-8，其含义见表1.2。

表1.2　电动机型号Y2-160M 2 -8的含义

标　识	含　义
Y	机型，表示异步电动机
2	设计序号，"2"表示在第一次基础上改进设计的产品
160	中心高，是轴中心到机座平面高度
M2	机座长度规格，M是中型，其中脚注"2"是M型铁心的第二种规格，而"2"型比"1"型铁心长
8	极数，"8"是指8极电动机

电动机铭牌数据及额定值有何含义？

答：电动机铭牌如图1.1所示，其铭牌数据及额定值的含义见表1.3。

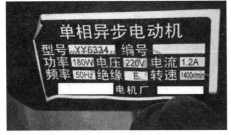 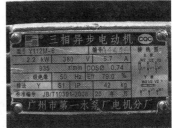

图1.1　电动机的铭牌示例

表1.3   电动机铭牌数据及额定值的含义

项　目	含　义
型号	表示电动机的系列品种、性能、防护结构形式、转子类型等产品代号
功率	表示额定运行时电动机轴上输出的额定机械功率，单位为kW或hp（马力），1hp=0.736kW
电压	直接到定子绕组上的线电压（V），电动机有Y形和△形两种接法，其接法应与电动机铭牌规定的接法相符，以保证与额定电压相适应
电流	电动机在额定电压和额定频率下，输出额定功率时定子绕组的三相线电流
频率	指电动机所接交流电源的频率，我国规定为50Hz±1Hz
转速	电动机在额定电压、额定频率、额定负载下，每分钟的转速（r/min）；例如，2极电动机的同步转速为2880r/min
工作定额	指电动机运行的持续时间
绝缘等级	电动机绝缘材料的等级，决定电动机的允许温升
标准编号	表示设计电动机的技术文件依据
励磁电压	指同步电动机在额定工作时的励磁电压（V）
励磁电流	指同步电动机在额定工作时的励磁电流（A）

电动机的防护形式有哪些？

答：根据国家有关标准，电动机的外壳防护应包括：防止人体触及、接近机壳内带电部分和触及机壳内转动部分，以及防止固体异物进入电动机内部的防护(第一类防护)和防止水进入电动机内部而引起有害影响的防护(第二类防护)。

我国的电动机外壳防护等级代号采用"国际防护"的英文缩写IP，以及附加在后面的两个数字，第一个数字表示防止人体触及和防止固体异物进入电动机的防护，第二个数字表示防止水进入电动机的防护，前者(第一个数字)分为6个等级(0～5)，后者(第二个数字)则分为

9个等级(0~8)，如表1.4所示。

表1.4 电机的外壳防护分级

第1位数字	对人体和固体异物的防护分级	第2位数字	对防止水进入的防护分级
0	无防护型	0	无防护型
1	半防护型（防止直径大于50mm的固体异物进入）	1	防滴水型（防止垂直滴水）
2	防护型（防止直径大于12mm的固体异物进入）	2	防滴水型（防止与垂直成$\theta \leqslant 15°$的滴水）
3	封闭型（防止直径大于2.5mm的固体异物进入）	3	防淋水型（防护与垂直线成$\theta \leqslant 60°$的淋水）
4	全封闭型（防止直径大于1mm的固体异物进入）	4	防溅水型（防护任何方向的溅水）
5	防尘型	5	防喷水型（防护任何方向的喷水）
		6	防海浪型或强加喷水
		7	防浸水型
		8	潜水型

例如，外壳防护等级为IP44，其中第1位数字"4"表示对人体触及和固体异物的防护等级(即电动机外壳能够防护直径大于1mm的固体异物触及或接近机壳内的带电部分或转动部分)；而第2位数字"4"则表示对防止水进入电机内部的防护等级（即电动机外壳能够承受任何方向的溅水而无有害影响）。

电动机允许温升与绝缘耐热等级有何关系？

答：电动机允许温升与绝缘耐热等级关系见表1.5。

表1.5　电动机允许温升与绝缘耐热等级关系

绝缘耐热等级	A	E	B	F	H	C
允许最高温度/℃	105	120	130	155	180	180以上
允许最高温升/℃	65	80	90	115	140	140以上

电动机的工作制有哪些类型？

答：根据《GB755-2000旋转电机定额和性能》的规定，电动机工作制分为10类，见表1.6。

表1.6　电动机工作制

代　号	工作制	说　明
S1	连续工作制	在无规定期限的长时间内是恒载的工作制。在恒定负载下连续运行达到热稳定状态
S2	短时工作制	在恒定负载下按指定的时间运行，在未达到热稳定时即停机和断能，其时间足以使电动机或冷却器冷却到与最终冷却介质温度之差在2K以内。电动机采用S3工作制，应标明负载持续率，如S3 25%
S3	断续周期工作制	按一系列相同的工作周期运行，每一个周期由一段恒定负载运行时间和一段停机断能时间组成。但在每一个周期内运行时间较短，不足以使电动机达到热稳定，且每一个周期的启动电流对温升无明显的影响。电动机采用S3工作制，应标明负载持续率，如S3 25%

代 号	工作制	说 明
S4	包括启动的断续周期工作制	按一系列相同的工作周期运行,每一个周期由一段启动时间、一段恒定负载运行时间和一段停机断能时间组成。但在每一个周期内启动和运行时间较短,均不足以使电动机达到热稳定
S5	包括电制动的断续周期工作制	按一系列相同的工作周期运行,每一个周期由一段启动时间、一段恒定负载运行时间、一段快速电制动时间和一段停机断能时间组成。但在每一个周期内启动、运行和制动时间较短,均不足以使电动机达到热稳定
S6	连续周期工作制	按一系列相同的工作周期运行,每一个周期由一段恒定负载时间和一段空载运行时间组成,但在每一个周期内负载运行时间较短,不足以使电动机达到热稳定
S7	包括电制动的连续周期工作制	按一系列相同的工作周期运行,每一个周期由一段启动时间、一段恒定负载运行时间和一段电制动时间组成
S8	包括负载—转速相应变化的连续周期工作制	按一系列相同的工作周期运行,每一个周期由一段按预定转速的恒定负载运行时间,接着按一个或几个不同转速的其他恒定负载运行时间组成(例如,多速异步电动机使用场合)
S9	负载和转速做非周期变化的工作制	负载和转速在允许的范围内做非周期变化的工作制,这种工作制包括经常性过载,其值可远远超过满载
S10	离散恒定负载工作制	包括不多于4种离散负载值(或等效负载)的工作制,每一种负载的运行时间应足以使电动机达到热稳定。在一个工作周期中的最小负载值可为零(空载或停机和断能)

三相交流电动机有哪些种类?

答:三相交流电动机的种类见表1.7。

表1.7　三相交流电动机的种类

电动机种类		主要性能特点	典型生产机械举例
异步电动机	笼式 普通笼式	机械特性硬，启动转矩不大，调速时需要调速设备	调试性能要求不高的各种机床、水泵、通风机等
	笼式 高启动转矩	启动转矩大	带冲击性负载的机械，如剪床、冲床、锻压机；静止负载或惯性负载较大的机械，如压缩机、粉碎机、小型起重机等
	笼式 多速	有2~4挡转速	要求有级调速的机床、电梯、冷却塔
	绕线式	机械特性硬（转子串电阻后变软）、启动转矩大、调速方法多、调速性能和启动性能较好	要求有一定调速范围、调速性能较好的生产机械，如桥式起重机；启动、制动频繁且对启动、制动转矩要求高的生产机械，如起重机、矿井提升机、压缩机、不可逆轧钢机等
同步电动机		转速不随负载变化，功率因素可调节	转速恒定的大功率生产机械，如大中型鼓风机及排风机、泵、压缩机、连续式轧钢机、球磨机等

单相异步电动机有哪些种类?

答：单相异步电动机种类很多，但在家用电器中使用的单相异步电动机按照启动和运行分，基本上只有两大类共六种，见表1.8。这些电动机的结构虽有差别，但是其基本工作原理是相同的。

表1.8　家用电器中使用的单相异步电动机

种　类		实物图	结构图或原理图	结构特点
单相罩极式电动机	凸极式罩极单相电动机			单相罩极式电动机的转子仍为笼形，定子有凸极式和隐极式两种，原理完全相同。一般采用结构简单的凸极式
	隐极式罩极单相电动机			

种 类	实物图	结构图或原理图	结构特点
分相式单相异步电动机 — 电阻启动单相异步电动机			单相分相式异步电动机在定子上除了装有单相主绕组外，还装了一个启动绕组，这两个绕组在空间成90°电角度，启动时两绕组虽然接到同一个单相电源上，但可设法使两绕组电流不同相，这样两个空间位置正交的交流绕组通以时间上不同相的电流，在气隙中就能产生一个合成旋转磁场。启动结束，使启动绕组断开即可
分相式单相异步电动机 — 电容启动单相异步电动机			
分相式单相异步电动机 — 电容运转式单相异步电动机			
分相式单相异步电动机 — 电容启动和运转单相异步电动机			

 直流电机有哪些类型?

答：（1）按用途分：直流发电机、直流电动机。

（2）按励磁方式分：他励式、自励式。在自励式电机中，按励磁绕组接入方式分：并励式、串励式、复励式三种。复励式又分为积复励和差复励两种。

（3）按防护结构分：开启式、防滴式、全封闭式、封闭防水式。

不同励磁方式的直流电动机有何运行特性?

答：直流电动机的励磁方式不同，运行特性和适用场合也不同，见表1.9。

表1.9　直流电动机的分类及应用

种　类	结构说明	图　示	主要性能特点	典型应用
他励直流电动机	励磁绕组由其他直流电源供电，与电枢绕组之间没有电的联系。永磁直流电动机也属于他励直流电动机，因其励磁磁场与电枢电流无关		机械特性硬、启动转矩大、调速范围宽、平滑性好	调速性能要求高的生产机械，如大型机床（车、铣、刨、磨、镗）、高精度车床、可逆轧钢机、造纸机、印刷机等
并励直流电动机	励磁电压等于电枢绕组端电压，励磁绕组的导线细而匝数多。励磁绕组与电枢绕组并联			
串励直流电动机	励磁电流等于电枢电流，励磁绕组的导线粗而匝数较少。励磁绕组与电枢绕组串联		机械特性软、启动转矩大、过载能力强、调速方便	要求启动转矩大、机械特性软的机械，如电车、电气机车、起重机、吊车、卷扬机、电梯等

种 类	结构说明	图 示	主要性能特点	典型应用
复励直流电动机	每个主磁极上套有两套励磁绕组，一个与电枢绕组并联，称为并励绕组；一个与电枢绕组串联，称为串励绕组。两个绕组产生的磁动势方向相同时称为积复励，两个磁动势方向相反时称为差复励，通常采用积复励方式	$+$ $-$ I r_f I_a $\underline{M}$ I_f r_f	机械特性硬度适中、启动转矩大、调速方便	要求启动转矩大、机械特性软的机械，如电车、电气机车、起重机、吊车、卷扬机、电梯等

如何识别直流电动机出线标志?

答：为了便于用户接线，制造厂在直流电动机出厂时，在绕组出线端或接线板上都标有出线端标志。直流电动机的出线标志见表1.10。

表1.10　直流电动机出线标志

绕组名称	始 端	末 端	绕组名称	始 端	末 端
电枢绕组	S_1	S_2	启动绕组	Q_1	Q_2
补偿绕组	B_1	B_2	平衡绕组	P_1	P_2
换向绕组	H_1	H_2	他励绕组	T_1	T_2
串励绕组	C_1	C_2	去磁绕组	QC_1	QC_2
并励绕组	B_1	B_2			

注：对于电动机内有几组同样名称的绕组或一种绕组分几路引出机外时，其始末端除用字母标志外，还需以数字1-2，3-4，5-6等作脚注。

单相异步电动机有何基本结构?

在单相异步电动机中，专用电动机占有很大比例，它们的结构各有特点，形式繁多。但就其共性而言，单相异步电动机的基本结构都由固定部分——定子、转动部分——转子、支撑部分——端盖和轴承等三大部分组成，如图1.2所示。

(a) 前端盖

(b) 转子和轴承

(c) 定子

(d) 后端盖

(e) 固定螺栓

图1.2 单相异步电动机的基本结构

单相异步电动机有何外部结构？各组成部分有何作用？

答： 单相异步电动机的外部结构如图1.3所示，主要有机座、铁心、绕组、端盖、轴承、离心开关或启动继电器和PTC启动器、铭牌等，见表1.11。

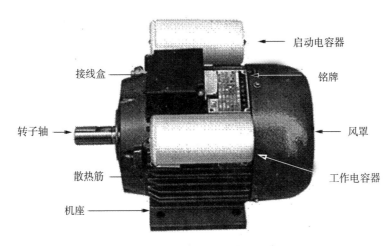

图1.3 单相异步电动机的外部结构

表1.11 单相异步电动机各组成部分的作用

名　称	组成及作用
机　座	机座结构因电动机的冷却方式、防护形式、安装方式和用途的不同而不同。按其材料分类，有铸铁、铸铝和钢板结构3种。铸铁机座，带有散热筋；铸铝机座一般不带有散热筋；钢板结构机座，通常由厚度为1.5～2.5mm的薄钢板卷制、焊接而成，再焊上钢板冲压件的底脚 有的专用电动机的机座相当特殊，如电冰箱的电动机，它通常与压缩机一起装在一个密封的罐子里。而洗衣机的电动机，包括甩干机的电动机，均无机座，端盖直接固定在定子铁心上
铁　心	包括定子铁心和转子铁心，其作用是构成电动机的磁路

名　称	组成及作用
绕　组	单相异步电动机定子绕组常做成两相：主绕组（工作绕组）和副绕组（启动绕组）。两种绕组的中轴线错开一定的电角度，目的是改善启动性能和运行性能 定子绕组多采用高强度聚酯漆包线绕制。转子绕组一般采用笼形绕组，常用铝压铸而成
端　盖	对应不同的机座材料，端盖也有铸铁件、铸铝件和钢板冲压件3种
轴　承	轴承有滚珠轴承和含油轴承两大类，如图1.4所示
离心开关	在单相异步电动机中，除了电容运转电动机外，在启动过程中，当转子转速达到同步转速的70%左右时，常借助于离心开关，如图1.5所示，切除单相电阻启动异步电动机和电容启动异步电动机的启动绕组，或切除电容启动及运转异步电动机的启动电容器。离心开关一般安装在轴承端盖的内侧
启动继电器	有些电动机，如电冰箱电动机，由于它与压缩机组装在一起，并放置在密封的罐子里，不便于安装离心开关，就用启动继电器代替，如图1.6所示，继电器的吸铁线圈串联在主绕组回路中，启动时，主绕组电流很大，衔铁动作，使串联在副绕组回路中的动合触点闭合。于是副绕组接通，电动机处于两相绕组运行状态。随着转子转速上升，主绕组电流不断下降，吸引线圈的吸力下降。当到达一定的转速，电磁铁的吸力小于触点的反作用弹簧的拉力，触点被打开，副绕组就脱离电源
PTC启动器	最新式电动机启动元件是"PTC"，PTC热敏电阻是一种新型的半导体元件，可用作延时型启动开关，如图1.7所示。使用时将PTC元件与电容启动或电阻启动电动机的副绕组串联。在启动初期，因PTC热敏电阻尚未发热，阻值很低，副绕组处于通路状态，电动机开始启动。随着时间的推移，电动机的转速不断增加，PTC元件的温度上升，电阻剧增，此时的副绕组电路相当于断开。当电动机停止运行后，PTC元件温度不断下降，2~3min后可以重新启动
铭　牌	单相异步电动机的铭牌标注的项目有电动机名称、型号、标准编号、制造厂名、出厂编号、额定电压、额定功率、额定电流、额定转速、绕组接法、绝缘等级等

(a) 滚珠轴承

(b) 含油轴承

图1.4 轴承

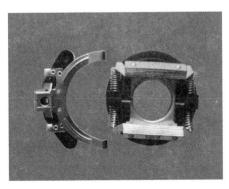

图1.5 离心开关

图1.6 重锤式启动继电器

图1.7　PTC启动继电器

 ## 三相异步电动机有何基本结构？

答：虽然三相异步电动机的种类较多，例如，绕线式电动机、鼠笼式电动机等，但其主要结构都离不开以下三个部分。

（1）磁路部分，包括定子铁心和转子铁心。

●定子铁心。由0.35～0.5mm厚、表面涂有绝缘漆的薄硅钢片叠压而成，减少了由于交变磁通而引起的铁心涡流损耗。铁心内圆有均匀分布的槽口，用来嵌放定子绕圈。

●转子铁心。用0.5mm厚的硅钢片叠压而成，套在转轴上，作用和定子铁心相同，一方面作为电动机磁路的一部分，一方面用来安放转子绕组。

（2）电路部分，包括定子绕组和转子绕组。

●定子绕组。三相绕组由三个彼此独立的绕组组成，且每个绕组又由若干线圈连接而成。线圈由绝缘铜导线或绝缘铝导线绕制。

●笼形电动机转子的绕组是在铁心槽内放置铜条，铜条的两端用短路环焊接起来。为了简化制造工艺，小容量异步电动机的笼形转子都是将熔化的铝浇铸在槽内而成，称为铸铝转子。在浇铸的同时，把转子的短路环和端部的冷却风扇也一样用铝铸成。

●绕线型转子绕组和定子绕组一样，也是一个用绝缘导线绕成的三相对称绕组，被嵌放在转子铁心槽中，接成星形。绕组的三个出线端分别接到转轴端部的三个彼此绝缘的铜制滑环上。通过滑环与支持在端盖上的电刷构成滑动接触，把转子绕组的三个出线端引到机座上的接线盒内，以便与外部变阻器连接，故绕线式转子又称滑环式转子。

（3）机械部分，包括机座、端子、轴和轴承等。

三相异步电动机的基本结构如图1.8所示。

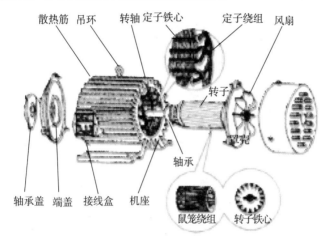

图1.8　三相异步电动机的基本结构

　三相异步电动机各个部件有何作用？

答：三相异步电动机各个部件的作用见表1.12。

表1.12　三相异步电动机各个部件的作用

名　称	实物图	作　用
散热筋片		向外部传导热量

名 称	实物图	作 用
机 座		固定电动机
接线盒		电动机绕组与外部电源连接
铭 牌		介绍电动机的类型、主要性能、技术指标和使用条件
吊 环		方便运输
定 子		通入三相交流电源时产生旋转磁场
转 子		在定子旋转磁场感应下产生电磁转矩，沿着旋转磁场方向转动，并输出动力带动生产机械运转

名　称	实物图	作　用
前、后端盖		固　定
轴承盖		固定、防尘
轴　承		保证电动机高速运转并处在中心位置的部件
风罩、风叶		冷却、防尘和安全保护

1.2 三相异步电动机控制技术

 什么是电动机控制技术?

答：因工艺生产运行的需要，需要对电动机的启动、停止、转速、力矩等进行控制，能实现这些控制的技术就是电动机控制技术。

广义上的电动机控制技术还要包括对电动机的运行信息传输和继电保护的内容。

 电动机控制电路有何作用?

答：各种生产机械设备，如车床、铣床、磨床、刨床、钻床、风机、水泵、起重机等，一般是由电动机来拖动的，为了使电动机按照生产的要求进行启动、制动、正反转和调速等，必须配备一定的控制线路对电动机进行控制。

在生产实践中，控制线路不管是简单的还是复杂的，一般都是由几个基本控制电路组成的。

 异步电动机控制的基本环节有哪些?

答：在异步电动机控制电路中，能实现某项功能的若干电气元件的组合，称为一个控制环节，整个控制电路就是由这些控制环节有机地组合而成的。控制电路一般包括电源、启动、保护、运行、停止、制动、联锁、信号、手动工作和点动等基本环节，见表1.13。

表1.13　电动机控制电路的基本环节

基本环节	说　明
电源环节	包括主电路供电电源和辅助电路工作电源，由电源开关、电源变压器、整流装置、稳压装置、控制变压器、照明变压器等组成
启动环节	包括直接启动和减压启动，由接触器和各种开关组成
保护环节	由对设备和线路进行保护的装置组成。如短路保护由熔断器完成，过载保护由热继电器完成，失压、欠压保护由失压线圈(接触器)完成。有时还使用各种保护继电器来完成各种专门的保护功能
运行环节	运行环节是电路的最基本环节，其作用是使电路在需要的状态下运行，包括电动机的正反转、调速等
停止环节	由控制按钮、开关等组成。其作用是切断控制电路供电电源，使设备由运转变为停止
制动环节	一般由制动电磁铁、能耗电阻等组成。其作用是使电动机在切断电源以后迅速停止运转
联锁环节	实际上也是一种保护环节。由工艺过程所决定的设备工作程序不能同时或颠倒执行，通过联锁环节限制设备运行的先后顺序。联锁环节一般通过对继电器触点和辅助开关的逻辑组合来完成
手动工作环节	电气控制线路一般都能实现自动控制，但为了提高线路工作的应用范围，适应设备安装完毕及事故处理后试车的需要，在控制线路中往往还设有手动工作环节。手动工作环节一般由转换开关和组合开关等组成
点动环节	是控制电动机瞬时启动或停止的环节，通过控制按钮完成
信号环节	是显示设备和线路工作状态是否正常的环节，一般由蜂鸣器、信号灯、音响设备等组成

　　上述控制环节并不是每一种控制线路中全都具备，复杂控制线路的基本环节多一些。这十个环节中最基本的是电源环节、保护环节、启动环节、运行环节、联锁环节和停止环节。

自锁、互锁和联锁有何区别？

　　答：“自锁控制”是“自己保持的控制”；“互锁控制”则是“相互制约的控制”，即“不能同时呈现为工作状态的控制”；“联锁控制”

则可以理解为"联合动作"，其实质是"按一定顺序动作的控制"。

自锁、互锁和联锁被称为电动机电气控制的"三把锁"，初学者要注意理解这里所谓"锁"的含义，应该加以区别。

电气控制常用的保护环节有哪些？

答：为了确保电动机长期、安全、可靠、无故障地运行，电气控制系统都必须有保护环节，用以保护电动机、电网、电气控制设备及人身的安全。

（1）电动机短路保护。电动机绕组或导线的绝缘损坏，或者线路发生故障时，可能造成短路事故。短路时，若不迅速切断电源，会产生很大的短路电流和电动力，使电气设备损坏。用于电动机短路保护的常用器件是熔断器和断路器（或刀开关），如图1.9所示。

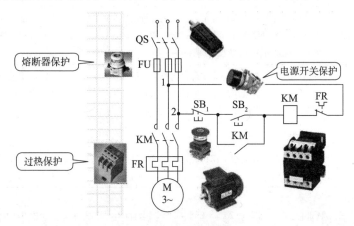

图1.9 电动机保护措施举例

在短路时，熔断器由于熔体熔断而切断电路起保护作用；自动控制开关在电路出现短路故障时自动跳闸，起保护作用。

（2）电动机过电流保护。对于负载几乎恒定不变的电动机，过流保护是没有必要的。但有的电动机负载经常变化，经常发生过载、堵转以致烧毁电动机绕组。对于这样运行的电动机必须加装过流保护装置。三相异步电动机虽有较强的过载能力，但对电动机过载实行反时限特性保护是必要的，也是公众认可的。

过大的负载转矩或不正确的启动方法会引起电动机的过电流故障。尤其是在频繁正反转启动、制动的重复短时工作中过电流比发生短路的可能性更大。

常用保护元件是过电流继电器KA和接触器KM配合使用。

图1.10所示为电动机过电流保护电路。图中，TA为电流互感器，KA为电流继电器，KT为时间继电器，KM为交流接触器，SB$_1$为停止按钮，SB$_2$为启动按钮。

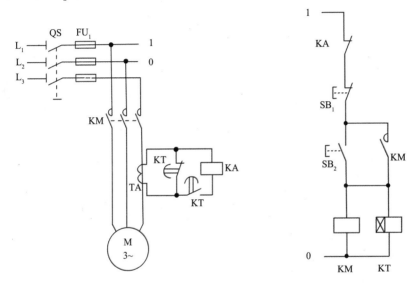

图1.10 电动机过电流保护电路

在电动机启动时，由于启动电流较大，这时时间继电器的动断触点先短接电流互感器TA，以避免电动机启动电流流过KI而产生误动作。电动机启动完毕后，电流下降至正常值，时间继电器KT经延时后动作，其动断触点断开，动合触点闭合，把电流互感器KA接入电流互感器线路中，以便电动机运行感应电流。

一旦三相电动机运行电流超过正常工作电流，过电流继电器KA达到吸合电流而吸合，其动断触点断开，接触器KM失电释放，使主回路断电，从而使电动机过流时断开电源。

利用互感器及过电流继电器，实现电动机的过电流保护，克服了热继电器过电流保护的缺陷。

（3）电动机断相保护。运行中的三相380V电动机缺一相电源后，变成两相运行，如果运行时间过长则有烧毁电动机的可能。为了防止缺相运行烧毁电动机，可以采用多种保护方案。图1.11所示为一种三相电动机断相保护电路，当电动机运行时发生断相后三相电压不平衡，桥式整流则有电压输出，当输出的直流电压达到中间继电器KA动作值时，KA动作，于是与自锁触点串联的动断触点断开，使接触器KM线圈断电，其主触点全部释放，电动机停止运转，起到了保护电动机绕组的作用。

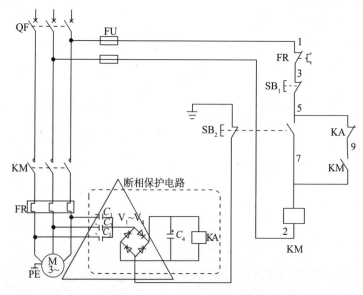

图1.11　电动机断相保护电路

图中，电容器$C_1 \sim C_3$为2.4μF/500V；电容器C_4为100μF/50V；二极管$V_1 \sim V_4$为2CP12×4；KA为直流12V继电器。

注意：由于电动机断相故障时电流很大，因此要求中间继电器KA的主触点应能满足电动机的最大电流量。

电动机启动的条件是什么？

答：异步电动机从接通电源开始转动，转速逐渐上升直到稳定运转状态，这一过程称为启动。电动机能够启动的条件是启动转矩必须大于负载转矩。

三相异步电动机有哪几种启动方式？各有何优缺点？

答：三相异步电动机的启动方式主要有直接启动、用自耦变压器降压启动、星–三角降压启动（Y-△）、转子串电阻启动、软启动器和变频器启动，见表1.14。

表1.14　三相异步电动机几种启动方式比较

启动方式	说　明	应用电路举例
全压直接启动	在电网容量和负载两方面都允许全压直接启动的情况下，可以考虑采用全压直接启动。优点是操纵控制方便，维护简单，而且比较经济 直接启动可以用胶木开关、铁壳开关、空气开关（断路器）等实现电动机的近距离操作、点动控制、速度控制、正反转控制等，也可以用限位开关、交流接触器、时间继电器等实现电动机的远距离操作、点动控制、速度控制、正反转控制、自动控制等 主要用于小功率电动机的启动，从节约电能的角度考虑，大于11kW的电动机不宜用此方法	QK　　FU M 3~

启动方式	说　明	应用电路举例
自耦变压器减压启动	利用自耦变压器的多抽头减压，既能适应不同负载启动的需要，又能得到更大的启动转矩，是一种经常被用来启动较大容量电动机的减压启动方式 　自耦变压器降压启动可以直接人工操作控制，也可以用交流接触器自动控制，经久耐用，维护成本低，适合所有的空载、轻载启动异步电动机，在生产实践中得到广泛应用。缺点是人工操作要配置比较贵的自耦变压器箱（自耦补偿器箱），自动控制要配置自耦变压器、交流接触器等启动设备和元件 　它的最大优点是启动电流小，启动转矩较大，当其绕组抽头在80%处时，启动转矩可达直接启动时的64%。并且可以通过抽头调节启动转矩。至今仍被广泛应用	
星-三角启动	定子绕组为△连接的电动机，启动时接成Y，速度接近额定转速时转为△运行，采用这种方式启动时，每相定子绕组降低到电源电压的58%，启动电流为直接启动时的33%，启动转矩为直接启动时的33%。启动电流小，启动转矩小	

启动方式	说　明	应用电路举例
星-三角启动	Y-△降压启动的优点是不需要添置启动设备，有启动开关或交流接触器等控制设备就可以实现，缺点是只能用于△连接的电动机，大型异步电机不能重载启动 　　启动电流小，但二次冲击电流大，其动转矩较小，允许启动次数较高，设备价格较低，适用于定子绕组为三角形接线有6个引出端子的中小型电机，如Y2和Y系列电动机	
转子串电阻启动	绕线式三相异步电动机，转子绕组通过滑环与电阻连接。外部串接电阻相当于转子绕组的内阻增加了，减小了转子绕组的感应电流。从某个角度讲，电动机又像是一个变压器，二次电流小，相当于变压器一次绕组的电动机励磁绕组电流就相应减小。根据电动机的特性，转子串接电阻会降低电动机的转速，提高转动力矩，有更好的启动性能 　　在这种启动方式中，由于电阻是常数，将启动电阻分为几级，在启动过程中逐级切除，可以获取较平滑的启动过程	

1.2　三相异步电动机控制技术

启动方式	说　明	应用电路举例
转子串电阻启动	转子串电阻或频敏变阻器虽然启动性能好，可以重载启动，由于只适合于价格昂贵、结构复杂的绕线式三相异步电动机，所以只是在启动控制、速度控制要求高的各种升降机、输送机、行车等行业使用 　启动电流较大，启动转矩小，允许启动次数由电阻容量决定，多用于降低启动转矩的冲击	
软启动器	软启动器是一种集电动机软启动、软停车、轻载节能和多种保护功能于一体的新颖电动机控制装置，它的主要构成是串接于电源与被控电动机之间的三相反并联晶闸管交流调压器。运用不同的方法，改变晶闸管的触发角，就可调节晶闸管调压电路的输出电压。在整个启动过程中，软启动器的输出是一个平滑的升压过程，直到晶闸管全导通，电动机在额定电压下工作 　软启动器的优点是降低电压启动，启动电流小，适合所有的空载、轻载异步电动机使用。缺点是启动转矩小，不适用于重载启动的大型电动机 　通常为斜坡电压启动，也可突跳启动，启动电流、转矩、上升和下降时间可调，有多种控制方式，可带多种保护，允许启动次数较高，设备价格最高	

启动方式	说 明	应用电路举例
变频器	通常把电压和频率固定不变的交流电变换为电压或频率可变的交流电的装置称作变频器。该设备首要先把三相或单相交流电变换为直流电（DC）。然后再把直流电（DC）变换为三相或单相交流电（AC）。变频器同时改变输出频率与电压，使电动机运行曲线平行下移。因此变频器可以使电动机以较小的启动电流，获得较大的启动转矩，即变频器可以启动重载负荷 变频器具有调压、调频、稳压、调速等基本功能，应用了现代的科学技术，价格昂贵但性能良好，内部结构复杂但使用简单，所以不只是用于启动电动机，而是广泛地应用到各个领域，各种各样的功率、各种各样的外形、各种各样的体积、各种各样的用途等都有	

在以上几种启动控制方式中，星-三角启动、自耦减压启动因其成本低，维护相对软启动和变频控制容易，目前在实际运用中还占有很大的比重。但因其采用分立电气元件组装，控制线路触点较多，在其运行过程中，故障率相对还是比较高。从事过电气维护的技术人员都知道，很多故障都是电气元件的触点和连线触点接触不良引起的，在工况环境恶劣（如粉尘、潮湿）的地方，这类故障更多，但检查起来确实颇费时间。另外有时根据生产需要，要更改电动机的运行方式，如原来电动机是连续运行的，需要改成定时运行，这时就需要增加元

件、更改线路才能实现。有时因为负载或电动机变动，要更改电动机的启动方式，如原来是自耦启动，要改为星-三角启动，也要更改控制线路才能实现。

什么是制动？三相异步电动机有哪些制动控制方式？

答：在技术上，让电动机断开电源后迅速停止运转的方法，叫作制动。

使电动机制动的方法有多种，应用广泛的有机械制动和电力制动两大类。

什么是机械制动？

答：所谓机械制动是指利用机械装置使电动机切断电源后立即停转。目前广泛使用的机械制动装置是电磁抱闸，其主要工作部分是电磁铁和闸瓦制动器。电磁铁由电磁线圈、静铁心和衔铁组成，如图1.12所示；闸瓦制动器由闸瓦、闸轮、弹簧和杠杆等组成，如图1.13所示。其中，闸轮与电动机转轴相连，闸瓦对闸轮制动力矩的大小可通过调整弹簧作用力来改变。

图1.12　电磁铁

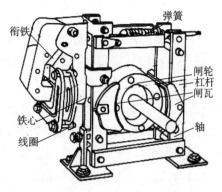

图1.13　闸瓦制动器

什么是电力制动？它有哪些控制方式？

答：电动机需要制动时，通过电路的转换或改变供电条件，使其产生跟实际运转方向相反的电磁转矩——制动转矩，迫使电动机迅速停止转动的制动方式叫电力制动。电力制动有反接制动和能耗制动等方式。

（1）反接制动。反接制动的方法是通过改变电动机定子绕组中三相电源相序，使定子绕组中的旋转磁场反向，产生与原有转向相反的电磁转矩——制动力矩，使电动机迅速停转。

（2）能耗制动。能耗制动是在切断电动机三相电源的同时，从任何两相定子绕组中输入直流电流，以获得大小、方向不变的恒定磁场，从而产生一个与电动机原转矩方向相反的电磁转矩，以实现制动。因为这种方式是用直流磁场来消耗转子动能实现制动，所以又叫动能制动或直流制动。

三相异步电动机的调速方法有哪些？

答：在生产机械中，广泛使用的不改变同步转速的调速方法有绕线式电动机的转子串电阻调速、斩波调速、串级调速以及应用电磁转差离合器、液力耦合器、油膜离合器等调速。改变同步转速的调速方法有改变定子极对数的多速电动机，改变定子电压、频率的变频调速，以及无换向电动机调速等。

从调速时的能耗观点来看，有高效调速方法与低效调速方法两种，高效调速是指转差率不变，因此无转差损耗，如多速电动机、变频调速以及能将转差损耗回收的调速方法（如串级调速等）。有转差损耗的调速方法属低效调速，如转子串电阻调速方法，能量就损耗在转子回路中；电磁离合器的调速方法，能量损耗在离合器线圈中；液力耦合器调速，能量损耗在液力耦合器的油中。一般来说转差损耗随调速范围扩大而增加，如果调速范围不大，能量损耗是很小的。

什么是变极对数调速方法？有何特点？

答：变极对数调速的基本原理是：在定子频率一定时，改变定子的极对数即可改变同步转速，从而达到调速的目的。这种方法需要在电动机运行时，改变定子绕组的接线方式。也可在定子上绕上独立的两套或三套不同极对数的绕组，形成双速电动机或三速电动机，这样会使电动机的成本、体积和重量增加较多。另外，极对数必须是整数，一对极（2极）时同步转速为3000r/min，两对极（4极）时同步转速为1500r/min，三对极（6极）时同步转速为1000r/min。因此，变极调速只能是有级调速。

变极对数调速方式只能用于鼠笼型异步机，这是因为转子要与定子保持同步地变极，绕线式转子的变极对数非常麻烦，而鼠笼转子能自动跟踪定子绕组的变极。

变极对数调速方法的特点见表1.15。

表1.15　变极对数调速方法的特点

序　号	特　点	适用场合
1	具有较硬的机械特性，稳定性良好	适用于不需要无级调速的生产机械，如金属切削机床、升降机、起重设备、风机、水泵等
2	无转差损耗，效率高	
3	接线简单、控制方便、价格低	
4	有级调速，级差较大，不能获得平滑调速	
5	可以与调压调速、电磁转差离合器配合使用，获得较高效率的平滑调速特性	

什么是变频调速方法？有何特点？

答：变频调速是改变电动机定子电源的频率，从而改变其同步转速的调速方法。变频调速系统的主要设备是提供变频电源的变频器，变频器可分成交流-直流-交流变频器和交流-交流变频器两大类，目前国内大都使用交-直-交变频器。变频调速方法的特点见表1.16。

表1.16　变频调速方法的特点

序　号	特　点	适用场合
1	效率高，调速过程中没有附加损耗	适用于要求精度高、调速性能较好场合
2	应用范围广，可用于笼形异步电动机	
3	调速范围大，特性硬，精度高	
4	技术复杂，造价高，维护检修困难	

 ## 什么是串级调速方法？有何特点？

答：串级调速是指在绕线式电动机转子回路中串入可调节的附加电动势来改变电动机的转差，从而达到调速的目的。大部分转差功率被串入的附加电动势所吸收，再利用产生的附加装置，把吸收的转差功率返回电网或转换成能量加以利用。根据转差功率吸收利用方式，串级调速可分为电机串级调速、机械串级调速及晶闸管串级调速3种形式，目前多采用晶闸管串级调速。

串级调速方法的特点见表1.17。

表1.17　串级调速方法的特点

序　号	特　点	适用场合
1	可将调速过程中的转差损耗回馈到电网或生产机械上，效率较高	适合在风机、水泵及轧钢机、矿井提升机、挤压机上使用
2	装置容量与调速范围成正比，投资省，适用于调速范围在额定转速70%～90%的生产机械上	
3	调速装置故障时可以切换至全速运行，避免停产	
4	晶闸管串级调速功率因数偏低，谐波影响较大	

什么是绕线式电动机转子串电阻调速方法？有何优点？

答：绕线式异步电动机转子串入附加电阻，会使电动机的转差率加大，从而使电动机在较低的转速下运行。串入的电阻越大，电动机的转速越低。

这种调速方法设备简单，控制方便，但转差功率以发热的形式消耗在电阻上。属于有级调速，机械特性较软。

什么是定子调压调速方法？有何特点？

答：当改变电动机的定子电压时，可以得到一组不同的机械特性曲线，从而获得不同转速。由于电动机的转矩与电压平方成正比，因此最大转矩下降很多，其调速范围较小，使一般笼形电动机难以应用。为了扩大调速范围，调压调速应采用转子电阻值大的笼形电动机，如专供调压调速用的力矩电动机，或者在绕线式电动机上串联频敏电阻。为了扩大稳定运行范围，调速比在2：1以上的场合应采用反馈控制以达到自动调节转速的目的。

调压调速的主要装置是一个能提供变化电压的电源，目前常用的调压方式有串联饱和电抗器调压、自耦变压器调压以及晶闸管调压等几种。其中，晶闸管调压方式为最佳。

定子调压调速方法的特点见表1.18。

表1.18 定子调压调速方法的特点

序 号	特 点	适用场合
1	调压调速线路简单，易实现自动控制	一般适用于100kW以下的生产机械
2	调压过程中转差功率以发热形式消耗在转子电阻中，效率较低	

什么是电磁调速电动机调速方法？有何特点？

答：电磁调速电动机由笼形电动机、电磁转差离合器和直流励磁电源（控制器）三部分组成。直流励磁电源功率较小，通常由单相半波或全波晶闸管整流器组成，改变晶闸管的导通角，可以改变励磁电流的大小。

电磁转差离合器由电枢、磁极和励磁绕组三部分组成。电枢和后者没有机械联系，都能自由转动。电枢与电动机转子同轴连接称为主动部分，由电动机带动；磁极用联轴节与负载轴对接，称为从动部分。当电枢与磁极均静止时，如励磁绕组通以直流，则沿气隙圆周表面将形成若干对N、S极性交替的磁极，其磁通经过电枢。当电枢随拖动电动机旋转时，由于电枢与磁极间相对运动，使电枢感应产生涡流，此涡流与磁通相互作用产生转矩，带动有磁极的转子按同一方向旋转，但其转速恒低于电枢的转速，这是一种转差调速方式，变动转差离合器的直流励磁电流，便可改变离合器的输出转矩和转速。电磁调速电动机调速方法的特点见表1.19。

表1.19　电磁调速电动机调速方法的特点

序　号	特　点	适用场合
1	装置结构及控制线路简单、运行可靠、维修方便	适用于中、小功率，要求平滑调动、短时低速运行的生产机械
2	调速平滑、无级调速	
3	对电网无影响	
4	速度变化范围较大、效率低	

什么是液力耦合器调速方法？有何特点？

答：液力耦合器是一种液力传动装置，一般由泵轮和涡轮组成，它们统称为工作轮，放在密封壳体中。壳中充入一定量的工作液体，当泵轮在原动机带动下旋转时，处于其中的液体受叶片推动而旋转，在离心力作用下沿着泵轮外环进入涡轮时，就在同一转向上给涡轮叶片以推力，使其带动生产机械运转。液力耦合器的动力传输能力与壳内相对充液量的大小是一致的。在工作过程中，改变充液率就可以改变耦合器的涡轮转速，可实现无级调速。液力耦合器调速方法的特点见表1.20。

表1.20 液力耦合器调速方法的特点

序 号	特 点	适用场合
1	功率适应范围大，可满足从几十千瓦至数千千瓦不同功率的需要	适用于风机、水泵的调速
2	结构简单，工作可靠，使用及维修方便，且造价低	
3	尺寸小，容量大	
4	控制调节方便，容易实现自动控制	

1.3 单相电动机控制技术

什么是单相电动机？

答：单相电动机一般是指用单相交流电源（AC 220V）供电的小功率单相异步电动机。单相异步电动机通常在定子上有两相绕组，转子是普通鼠笼型的。两相绕组在定子上的分布以及供电情况的不同，可以产生不同的启动特性和运行特性。

通常根据电动机的启动和运行方式的特点，将单相异步电动机分为单相电阻启动异步电动机、单相电容启动异步电动机、单相电容运转异步电动机、单相电容启动和运转异步电动机、单相罩极式异步电动机5种。

单相电动机的启动方式有哪些?

答：单相电动机的启动方式有 4 种，见表1.21。

表1.21　单相电动机的启动方式

启动方式	启动过程	特点及应用	图　示
阻抗分相启动式	刚开始通电时。利用启动器（电流电压继电器、PTC、离心开关等）使启动绕组和运行绕组同时受电。待启动完成之后，断开启动绕组，只靠运行绕组来继续运行	该方式结构简单，启动转矩小、启动电流大。用于电冰箱、小型陈列柜、电风扇、空调风扇电机、洗衣机等设备	启动器 阻抗分相启动 输出功率：40~150W
电容启动式	在启动绕组中串接一电容器，也是利用启动器将启动绕组接入启动，待启动完成后，切断启动绕组，正常运行由运行绕组承担	这种启动方式有较大的转矩。启动电流小，常用在冰箱、冷饮机等设备上	启动器 电容启动式 输出功率：40~300W
电容运转式	在启动绕组上串联启动电容，以提高启动转矩。所不同的是，在正常启动后，启动绕组并不断开，而是和运行绕组一起共同参与电动机的正常运行	这种方式的启动转矩小，效率高。常用于小型空调	电容运转式 输出功率：400~1100W

启动方式	启动过程	特点及应用	图　示
电容启动运转式	在启动绕组中并联两只电容器。其中容量较大的一只电容器串接在启动开关上。该电容器只是在刚启动时参与运行，待启动正常后随启动开关的断开而退出运行；而容量较小的电容器却一直参与电动机的运行	这种启动方式由于刚通电时，两只电容器并联，有足够大的电容量参与启动。所以启动转矩大，启动电流小，适用于大型空调以及制冰机等设备	电容启动运转式 输出功率100~1500W

如何辨别运行绕组和启动绕组？

答：表1.21所列的4种运行方式，实际上都是通过启动绕组产生旋转磁场，使电动机顺利启动。不论何种启动方式，单相电动机只有两个绕组，即运行绕组和启动绕组。

如果电动机接线柱上没有明确的标示，可用万用表测量它们之间的阻值。三个端子两两相测，其中阻值最大的端子，是启动绕组和运行绕组的串联值，另外的一个端子即为公共端，然后再测公共端和其余两个端子之间的电阻值，较小的一对为运行端，另一端即为启动端。

由此可总结出方便记忆的方法：运行与启动端阻值最大；启动与公共端阻值中等；运行与公共端阻值最小。

有些早期进口的压缩机中，也有启动绕组的阻值反而小于运行绕组的。在实际工作中应注意。

单相异步电动机如何进行调速控制？

答：通过改变电源电压或电动机结构参数的方法，来改变电动机转速的过程，称为调速。单相异步电动机常用的调速方法有4种，见表 1.22。

表1.22 单相异步电动机常用的调速方法

调速方法	说　明	图　示
PTC调速	常温下PTC电阻很小，电动机可直接启动，启动后，PTC阻值增大，使电动机进入低速运行状态	
串联电抗调速	将电动机主、副绕组并联后再串入具有抽头的电抗器，当转速开关处于不同位置时，电抗器的电压降不同，使电动机端电压改变从而实现有级调速。调速开关接高速挡，电动机绕组直接接电源，转速最高；调速开关接中、低速挡，电动机绕组串联不同的电抗器，总电抗增大，转速降低 　用这种方法调速比较灵活，电路结构简单，维修方便；但需要专用电抗器，成本高，耗能大，低速启动性能差	
晶闸管调速	晶闸管调速是通过改变晶闸管的导通角来改变电动机的电压波形，从而改变电压的有效值，达到调速的目的	

调速方法	说　明		图　示
绕组抽头调速	绕组抽头法调速，实际上是把电抗器调速法的电抗嵌入定子槽中，通过改变中间绕组与主、副绕组的连接方式，来调整磁场的大小和椭圆度，从而调节电动机的转速。采用这种方法调速，节省了电抗器，成本低、功耗小、性能好，但工艺较复杂。实际应用中有L型和T型绕组抽头调速两种方法	L型	（a）L-1型 （b）L-2型 （c）L-3型
		T型	

单相异步电动机的调速方法很多，上面介绍的是几种比较常见的方法，此外，自耦变压器调压调速、串电容器调速和变极调速等方法在某些场合也经常运用。

 ## 如何选配单相电动机的电容器？

答：电容器是采用电容分相的单相异步电动机必不可少的元件。电容器选择是否恰当，对单相异步电动机的启动或运行有很大的影响。

单相电容启动异步电动机启动电容器选配见表1.23，单相电容运转异步电动机运转电容器选配见表1.24，单相双值电容异步电动机电容器选配见表1.25。

表1.23 单相电容启动异步电动机启动电容器选配

电动机额定功率/W	120	180	250	370	550	750	1100	1500	2200
电容量/μF	75	75	100	100	150	200	300	400	500

表1.24 单相电容运转异步电动机运转电容器选配

电动机额定功率/W	15		25		40		60		90		120		150	
极数	2	4	2	4	2	4	2	4	2	4	2	4	2	4
电容量/μF	1	1	1	2	2	2	4	4	4	4	4	4	6	6

表1.25 单相双值电容异步电动机电容器选配

电动机额定功率/W	250	370	550	750	1100	1500	2200	3000
启动电容器/μF	75	100	100	150	150	250	350	500
运转电容器/μF	12	16	16	20	30	35	50	70

分相式单相异步电动机如何实现反转控制？

答：若要改变分相式单相异步电动机的转向，可以将工作绕组或启动绕组中的任意一个绕组接电源的两条出线对调，即可将气隙旋转磁场的旋转方向改变，随之转子转向也改变。

单相罩极式异步电动机如何实现反转控制？

答：对于单相罩极式异步电动机来说，对调工作绕组接到电源的两个出线端，不能改变它的转向。因为这类电动机的定子用硅钢片叠压成具有突出形状的"凸极"，主绕组就绕在凸极上。每一极的一侧开有小槽，嵌放副绕组——短路铜环，通常称"罩极圈"，如图1.14所示。这类电动机依靠其结构上的这种特点形成"旋转磁场"，使转子启动。如果要改变电动机的转向，则需拆下定子上叶凸极铁心，调转方向再装进去，也就是把罩极圈由一侧换到另一侧，电动机的转向就会与原转向相反。

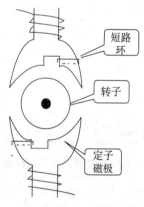

图1.14 单相罩极式异步电动机的结构

常用小功率电动机有何性能特点及典型应用？

答：常用小功率电动机的性能特点及典型应用见表1.26。

表1.26 常用小功率电动机性能特点及典型应用

分类	产品名称	性能特点			功率范围/W	转速/(r/min)	典型应用
		力能指标	转速特点	其他			
异步电动机	小功率三相异步电动机	高	变化不大	可逆转	10~3700	3000 1500 1000	有三相电源的场合，如小型机床、泵、电钻、风机等
	单相电阻启动异步电动机	不高	变化不大	可逆转，启动电流大	60~370	3000 1500	低惯量、不常启动、转速基本不变的场合，如小车床、鼓风机、医疗器械等
	单相电容启动异步电动机	不高	变化不大	可逆转，启动电流中等	120~3700	3000 1500	驱动空压机、泵、制冷压缩机等要求重载启动的机械
	单相电容运转异步电动机	高	变化不大	噪声低，不宜轻载运行	6~2200	3000 1500	对启动转矩要求不高、工作时间较长，并要求低噪声的场合，如风扇、电影放映机、水泵、医疗器械等
	单相双值电容异步电动机	高	变化不大	噪声低	180~300	3000 1500	带负载启动及要求噪声低的场合，如泵、机床、食品机械、木工机械、农业机械、医疗器械等
	罩极异步电动机	低	变化不大	不能逆转	0.4~60	3000 1500	对启动转矩要求不高、工作时间较短的场合，如仪用风扇、电动模型、家用电动器具、搅拌器等

分类	产品名称	性能特点			功率范围/W	转速/(r/min)	典型应用
		力能指标	转速特点	其 他			
同步电动机	三相磁阻同步电动机	不高	恒定	可逆转	90 ~ 550	1500	用于功率较大的恒转速驱动，如摄影机、大型复印机、通信设备、纺织机械、医疗器械等
	单相磁阻同步电动机	不高	恒定	可逆转	60 ~ 250	1500	用于单相电源的恒速驱动，如复印机、传真机等
	三相磁滞同步电动机	较低	恒定	牵入同步性能好	6 ~ 80	3000 1500	自动记录装置、音响设备、陀螺仪表等
	单相磁滞同步电动机	较低	恒定	牵入同步性能好	0.6 ~ 60	3000 1500	录音机、自动记录装置、音响设备、陀螺仪表等
	三相异步启动永磁同步电动机	高	恒定	稳定性好	250 ~ 4000	3000 1500	恒速连续工作机械的驱动，如化纤、纺织机械等
	单相异步启动永磁同步电动机	较高	恒定	稳定性好	0.15 ~ 6	250 375	恒速连续工作机械的驱动，如化纤、纺织机械等
	单相爪极式永磁同步电动机	低	恒定	低速	<3	50 375 500	低速及恒速的驱动，如转页式风扇、自动记录仪表定时器等

分类	产品名称	性能特点			功率范围/W	转速/(r/min)	典型应用
		力能指标	转速特点	其他			
交流换向器电动机	单相串励电动机	高	转速高，调速易	机械特性软，应避免空载运行	8～1100	4000～12 000	转速随负载大小变化或高速驱动，如电动工具、吸尘器、搅拌器等
	交直流两用电动机	高	转速高，可调速	在交直流两种电源下运行的性能基本接近，对电压波动适应范围大	80～700	190～13 200	小功率电力传动及要求调速的设备使用，也可在要求不高的自动控制装置中作伺服电动机用
直流电动机	永磁直流电动机	高	可调速	机械特性硬	0.15～226	1500～3000 3000～12 000 4000～40 000	铝镍钴永磁直流电动机主要作工业仪器仪表、医疗设备、军用器械等精密小功率直流驱动。铁氧体永磁直流电动机广泛用于家用电器、汽车电器、医疗器械、工农业生产的小型器械驱动
	无刷直流电动机	高	调速范围宽	无火花，噪声小，抗干扰性强	0.5～60	3000～6000	要求低噪声、无火花的场合，如宇航设备、低噪声摄影机、精密仪器仪表等

分类	产品名称	性能特点			功率范围/W	转速/(r/min)	典型应用
		力能指标	转速特点	其他			
直流电动机	并(他)励直流电动机	高	易调速,转速变化率为5%~15%	机械特性硬	25~400	2000~4000	用于驱动在不同负载下要求转速变化不大和调速的机械,如泵、风机、小型机床、印刷机械等
	复励直流电动机	高	易调速,转速变化率与中励程度有关,可达25%~30%	短时过载转矩大,约为额定转矩的3.5倍	100	3000	用于驱动要求启动转矩较大而转速变化不大或冲击性的机械,如压缩机、冶金辅助传动机械等
	串励直流电动机	高	转速变化率很大,空载转速高,调速范围宽	不许空载运行	850	1620~2800	用于驱动要求启动转矩很大,经常启动,转速允许有很大变化的机械,如蓄电池供电车、电车、起货机等

1.4 电动机基本控制电器

实现电动机基本控制的电器有哪些?

答:三相异步电动机是工程上使用最普遍的动力设备,对它的运行状态的控制(例如,什么时候启动,什么时候停止,什么时候正转，什么时候反转等）通常需要设置专门的控制电路。按钮和交流接触器是对电动机实施各种控制时必不可少的控制电器，而在需要对电动机实施时间控制时，则要增加时间继电器；在需要对电动机实施位置控制时，则要增加行程开关。

控制按钮有何功能？控制电路中常用按钮的外形有几种？

答：控制按钮也称按钮开关，它是主令电器中结构最简单、应用最广泛的一种手动且一般可自动复位的主令电器，主要用于远距离操作接触器、启动器、继电器等具有控制线圈的电器，或用在发出信号及电气连锁的线路中。

由于按钮触点允许通过的电流一般不超过5A，故不能直接用控制按钮控制主电路的通断。

在控制电路中，除了常见的直上直下的操作形式，即揿钮式按钮之外，还有自锁式、紧急式、钥匙式和旋钮式按钮，图1.15所示为这些按钮的外形。

图1.15 常用控制按钮的外形

其中，紧急式按钮表示紧急操作，按钮上装有蘑菇形钮帽，颜色为红色，一般安装在操作台（控制柜）的明显位置。

控制按钮有哪几种类型？其内部结构如何？

答：控制按钮按触点结构位置有三种形式：动合按钮、动断按钮和复合按钮，其内部结构及图形符号如图1.16所示。

按钮帽

触点

接线柱

触点

接线柱

接线柱　　触点

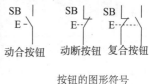

SB | SB | SB |

E- | E- | E- |

动合按钮　　动断按钮　　复合按钮

按钮的图形符号

图1.16　控制按钮的结构

（1）动合按钮在手指未按下前触点是断开的，手指按下时触点接通，手指放松后，触点自动复位。

（2）动断按钮在操作前触点是闭合的，手指按下时触点断开，手指放松后，触点自动复位。

（3）复合按钮有两组触点，操作前有一组闭合，另一组断开，手指按下时，闭合的触点断开，而断开的触点闭合；手指放开后，两组触点全部自动复位。

控制按钮的内部触点有哪些类型？

答：控制按钮是一种手动电器，其最核心的部分是两对通断可变且通断状态互异的触点，如图1.17所示。图中，SB是按钮的文字符号，脚标是按钮SB的不同触点标示。常态下，SB_1闭合，即a-a′间导通；SB_2断开，即b-b′间断路。因此又将a-a′间的触点称为常闭触点，b-b′间的触点称为常开触点。按下按钮，常开触点闭合、常闭触点断开，因此，常开触点又称作动合触点，常闭触点又称作动断触点。图中虚线表示该器件的两个相关触点联动。

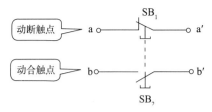

图1.17　按钮触点的类型及其表示符号

 ## 控制按钮的颜色有何含义？

答：控制按钮上颜色代表的意义及用途见表1.27。

表1.27　常用按钮颜色代表的意义及用途

颜色	代表意义	典型用途举例
红	停车、断开	（1）一台或多台电动机的停车 （2）机器设备的一部分停止运行 （3）磁力吸盘或电磁铁的断电 （4）停止周期性的运行
	紧急停车	（1）紧急断开 （2）防止危险性过热的断开
绿或黑	启动、工作、点动	（1）辅助功能的一台或多台电动机开始启动 （2）机器设备的一部分启动 （3）点动或缓行
黄	返回的启动、移动出界、正常工作循环或移动，开始抑止危险情况	在机械已完成一个循环的始点，机械元件返回；按黄色按钮可取消预置的功能
白或蓝	以上颜色所未包括的特殊功能	（1）与工作循环无直接关系的辅助功能控制 （2）保护继电器的复位

接触器有何功能？

答：所谓接触器，是指电气线路中利用线圈流过电流产生磁场，使触点闭合，以达到控制负载的电器。接触器作为执行元件，是一种用来频繁接通和切断电动机或其他负载主电路的自动电磁开关。

接触器是一种自动化的控制电器，主要用于频繁接通或分断交、直流电路，控制容量大，可远距离操作，配合继电器可以实现定时操作、联锁控制、各种定量控制及失压和欠压保护，广泛应用于自动控制电路，其主要控制对象是电动机，也可用于控制其他电力负载，如电热器、照明、电焊机、电容器组等。

接触器的一端接控制信号，另一端则连接被控的负载线路，是实现小电流、低电压电信号对大电流、高电压负载进行接通、分断控制的最常用元器件。

在工业电气中，接触器的型号很多，电流为5~1000A不等，其用途相当广泛。

接触器有哪些类型？

答：按照不同的分类方法，接触器有多种类型，见表1.28。

表1.28　接触器的类型

分类方法	种　类
按主触点通过电流种类分	交流接触器、直流接触器
按操作机构分	电磁式接触器、永磁式接触器
按驱动方式分	液压式接触器、气动式接触器、电磁式接触器
按动作方式分	直动式接触器、转动式接触器

交流接触器的结构如何?

答：交流接触器主要由电磁系统、触点系统、灭弧装置等几部分构成，见表1.29。其外形及结构如图1.18所示。

表1.29　交流接触器的结构

装置或系统	组成及说明
电磁系统	可动铁心（衔铁）、静铁心、电磁线圈、反作用弹簧
触点系统	主触点（用于接通、切断主电路的大电流）、辅助触点（用于控制电路的小电流）；一般有三对动合主触点，若干对辅助触点
灭弧装置	用于迅速切断主触点断开时产生的电弧，以免使主触点烧毛、熔焊。大容量的接触器（20A以上）采用缝隙灭弧罩及灭弧栅片灭弧，小容量接触器采用双断口触点灭弧、电动力灭弧、相间弧板隔弧及陶土灭弧罩灭弧

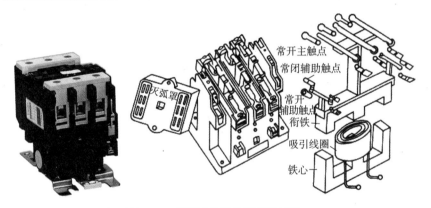

图1.18　交流接触器的外形及结构

交流接触器的动作动力来源于交流电磁铁，电磁铁由两个"山"字形的硅钢片叠成，其中一个固定，其上面套上线圈，工作电压有多种选择。为了使磁力稳定，铁心的吸合面加上短路环。交流接触器在失电后，依靠弹簧复位。另一半是活动铁心，构造和固定铁心一样，用以带动主触点和辅助触点的开断。

为了减小铁心损耗，交流接触器的铁心由硅钢片叠成，而且为了消除铁心的颤动和噪声，在铁心端面的一部分套有减振环，如图1.19所示。减振环又称短路环，它的作用是减少交流接触器在吸合时产生的振动和噪声。因此，在维修时，如果没有安装减振环，交流接触器吸合时会产生非常大的噪声。

减振环

图1.19　减振环

接触器的触点有哪些类型？

答：（1）按功能不同，接触器的触点分为主触点和辅助触点。主触点用于接通和分断电流较大的主电路，体积较大，一般由3对动合触点组成；辅助触点用于接通和分断小电流的控制电路，体积较小，有动断和动合两种触点。

（2）根据触点形状的不同，分为桥式触点和指形触点，其形状分别如图1.20所示。

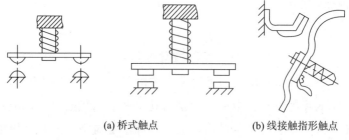

(a) 桥式触点　　　　　　(b) 线接触指形触点

图1.20　桥式触点和指形触点

一旦交流接触器的激磁线圈中流过足够强度的电流，在由此产生的磁力的作用下，器件中的所有动合触点会立即闭合，所有动断触点会立即断开；线圈失电或电流强度不够时，所有触点立即恢复常态。

 ## 交流接触器的灭弧方法有哪几种？

答：交流接触器在分断大电流或高电压电路时，其动、静触点间气体在强电场作用下产生放电，形成电弧。常用的灭弧方法有下面4种。

（1）电动力灭弧：利用触点分断时本身的电动力将电弧拉长，使电弧热量在拉长的过程中散发冷却而迅速熄灭，其原理如图1.21（a）所示。

（2）双断口灭弧：将整个电弧分成两段，同时利用上述电动力将电弧迅速熄灭。它适用于桥式触点，其原理如图1.21（b）所示。

（3）纵缝灭弧：采用一个纵缝灭弧装置来完成灭弧任务，如图1.21（c）所示。

（4）栅片灭弧：主要由灭弧栅和灭弧罩组成，如图1.21（d）所示。

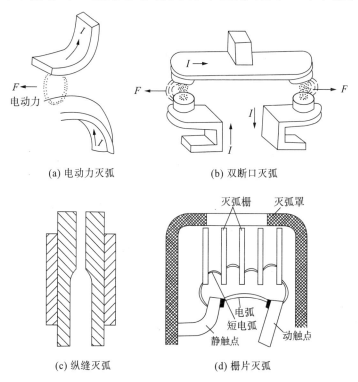

(a) 电动力灭弧　　　　　　　　　(b) 双断口灭弧

(c) 纵缝灭弧　　　　　　　　　(d) 栅片灭弧

图1.21　常用的灭弧方法

在电路图中交流接触器的符号是什么？

答：交流接触器是一种电磁式自动电器，其最核心的部分是激磁线圈和3对动合主触点及若干对动断、动合辅助触点（允许流过主触点的电流强度高于允许流过辅助触点的电流强度），如图1.22所示，其中图1.22（b）所示主触点通常串接在三相电源刀闸（也可以是低压断路器）与三相异步电动机的定子绕组之间，图1.22（a）所示激磁线圈和图1.22（c）所示辅助触点用于与控制电路连接。KM是交流接触器的文字符号，在控制电路中，交流接触器的不同电气部分会根据需要连接在不同的位置上，文字符号则是表示它们之间关系的主要媒介。

(a) 激磁线圈   (b) 主触点   (c) 辅助动合触点   (d) 辅助动断触点

图1.22　交流接触器的图形符号及文字符号

交流接触器有哪些主要参数？

答：（1）交流接触器主触点的额定电压等级有：127V、220V、380V、500V等几种规格。

（2）主触点额定电流等级有5A、10A、20A、40A、60A、100A、150A、250A、400A、600A等。

（3）交流接触器辅助触点的工作电流一般为5A。

（4）交流接触器电磁线圈的额定操作频率为≤600次/h。

如何选用交流接触器？

答：交流接触器的选用方法见表1.30。

表1.30 交流接触器的选用

选择要点	方法及说明
接触器的类型	根据电路中负载电流的种类选择。交流负载应选用交流接触器,直流负载应选用直流接触器,如果控制系统中主要是交流负载,直流电动机或直流负载的容量较小,也可都选用交流接触器来控制,但触点的额定电流应选得大一些
主触点的额定电压	接触器主触点的额定电压应等于或大于负载的额定电压
主触点的额定电流	被选用接触器主触点的额定电流应大于负载电路的额定电流。也可根据所控制的电动机最大功率进行选择。如果接触器是用来控制电动机的频繁启动、正反或反接制动等场合,应将接触器的主触点额定电流降低使用,一般可降低一个等级
吸引线圈工作电压和辅助触点容量	如果控制线路比较简单,所用接触器的数量较少,则交流接触器线圈的额定电压一般直接选用380V或220V 如果控制线路比较复杂,使用的电器又比较多,为了安全起见,线圈的额定电压可选低一些,这时需要加一个控制变压器

继电器有何特点及功用?

答:继电器是根据某一输入量(电、磁、声、光、热)达到一定值时,输出量将发生跳跃式变化的自动控制器件。继电器是具有隔离功能的自动开关元件,具有动作快、工作稳定、使用寿命长、体积小等优点,广泛应用于电力保护、自动化、运动、遥控、测量和通信等装置中。

与接触器相比,继电器具有触点额定电流很小,不需要灭弧装置,触点种类和数量较多,体积小等特点,但对其动作的准确性要求较高。

一般来说,继电器主要用来反映各种控制信号,其触点通常接在控制电路中,不直接控制电流较大的主电路,而是通过接触器或其他电器对主电路进行控制。作为控制元件，概括起来，继电器的作用见表1.31。

表1.31　继电器的作用

作　用	说　明
扩大控制范围	多触点继电器当控制信号达到某一定值时，可以按触点组的不同形式，同时换接、开断、接通多路电路
放大	灵敏型继电器、中间继电器等，用一个很微小的控制量，可以控制很大功率的电路
自动、遥控、监测	自动装置上的继电器与其他电器一起，可以组成程序控制线路，从而实现自动化运行
综合信号	当多个控制信号按规定的形式输入多绕组继电器时，经过比较综合，达到预定的控制效果

继电器有哪些种类？

答：继电器的种类很多，常见继电器见表1.32。

表1.32　继电器的种类

分类方法	种　类
按输入信号性质分	电流继电器、电压继电器、速度继电器、压力继电器
按工作原理分	电磁式继电器、电动式继电器、感应式继电器、晶体管式继电器和热继电器
按输出方式分	有触点式和无触点式
按外形尺寸分	微型继电器、超小型继电器、小型继电器
按防护特征分	密封继电器、塑封继电器、防尘罩继电器、敞开继电器

继电器的主要技术参数有哪些?

答：继电器的种类及型号很多，归纳起来其主要技术参数见表1.33。

表1.33 继电器的主要技术参数

技术参数	含义或说明
额定工作电压	指继电器正常工作时线圈所需要的电压，也就是控制电路的控制电压。根据继电器的型号不同，可以是交流电压，也可以是直流电压
直流电阻	指继电器中线圈的直流电阻，可以通过万能表测量
吸合电流	指继电器能够产生吸合动作的最小电流。在正常使用时，给定的电流必须略大于吸合电流，这样继电器才能稳定地工作。而对于线圈所加的工作电压，一般不要超过额定工作电压的1.5倍，否则会产生较大的电流而把线圈烧毁
释放电流	指继电器产生释放动作的最大电流。当继电器吸合状态的电流减小到一定程度时，继电器就会恢复到未通电的释放状态。这时的电流远远小于吸合电流
触点切换电压和电流	指继电器允许加载的电压和电流。它决定了继电器能控制电压和电流的大小，使用时不能超过此值，否则很容易损坏继电器的触点

时间继电器有哪些类型?

答：时间继电器实质上是一个定时器，在定时信号发出之后，时间继电器按预先设定好的时间、时序延时接通和分断被控电路。

时间继电器按工作方式可分为通电延时时间继电器和断电延时时间继电器两种，前者较为常用。

时间继电器按动作原理可分为电磁阻尼式、空气阻尼式、晶体管式和电动式等4种。近年来，电子式时间继电器发展很快，它具有延时时间长、精度高、调节方便等优点，有的还带有数字显示，非常直观，所以应用很广。

JSZ3系列时间继电器如图1.23所示，其控制电路采用了集成电路，具有体积小、重量轻、结构紧凑、延时范围广、延时精度高、可靠性好、寿命长等特点，适用于机床自动控制、成套设备自动控制等要求高精度、高可靠性的自动控制系统中作延时控制元件。

图1.23　JSZ3系列时间继电器

 时间继电器的触点有何特点？

答：时间继电器的触点有动合和动断两种类型，由于时间继电器的触点能够延时动作，每种类型的触点有从通到断及从断到通两种动作，因此时间继电器的触点状态有6种，如图1.24所示。

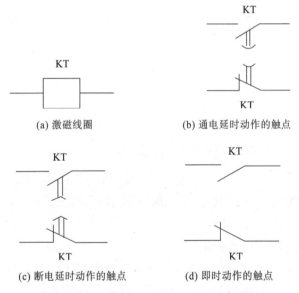

(a) 激磁线圈　　　　　(b) 通电延时动作的触点

(c) 断电延时动作的触点　　(d) 即时动作的触点

图1.24　时间继电器图形符号及文字符号

需要特别指出的是，时间继电器延时动作的触点只在一个方向

（从开到闭，或者从闭到开）上延时动作而在另一个方向上仍然即时动作。延时触点图形符号中的小圆弧方向表明的就是该触点延时动作的方向。图中文字符号省略了脚标标示，这是一种简化画法，在控制电路中一个触点只能用在一处，即在简化画法的电路中，相同文字符号的多个触点仍然指来自同一个器件的不同触点。

使用时间继电器要注意哪些事项？

答：（1）时间继电器的使用工作电压应在额定工作电压范围内。

（2）当负载功率大于继电器额定值时，请加中间继电器。

（3）严禁在通电的情况下安装、拆卸时间继电器。

（4）对可能造成重大经济损失或人身安全的设备，设计时请务必使技术特性和性能数值有足够余量，同时应该采用双重电路保护等安全措施。

（5）断电延时型时间继电器，通电时间必须大于3s，以使内部电容充足电能。

选择和使用热继电器要注意哪些事项？

答：（1）选用热继电器进行电动机过载保护时，应考虑电动机在短时过载和启动瞬间不受影响。

●一般电动机轻载启动或短时工作，可选择二相结构的热继电器；当电源电压的均衡性和工作环境较差或多台电动机的功率差别较显著时，可选择三相结构的热继电器；对于三角形接法的电动机，应选用带断相保护装置的热继电器。

●热继电器的额定电流应大于电动机的额定电流。

●一般将整定电流调整到等于电动机的额定电流；对于过载能力差的电动机，可将热元件整定值调整到电动机额定电流的0.6～0.8倍；对于启动时间较长、拖动冲击性负载或不允许停车的电动机，热元件的整定电流应调节到电动机额定电流的1.1～1.15倍。绝对不允许弯折双金属片。

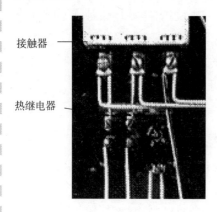

接触器

热继电器

图1.25 热继电器安装位置举例

（2）当电动机启动时间过长或操作次数过于频繁时，会使热继电器误动作或烧坏电器，这种情况一般不用热继电器作过载保护。当热继电器与其他电器安装在一起时，应将它安装在其他电器的下方，以免热继电器的动作特性受到其他电器发热的影响，如图1.25所示。

（3）热继电器出线端的连接导线应选择合适。若导线过细，则热继电器可能提前动作；若导线太粗，则热继电器可能滞后动作。

（4）热继电器的热元件应串联在主电路中，其常闭触点应串联在控制电路中。

（5）一般热继电器应置于手动复位的位置上，若需要自动复位，可将复位调节器螺钉以顺时针方向向里旋转。热继电器因电动机负载动作后，一般复位时间为：自动复位需要5min，手动复位需要2min。

 行程开关有何作用？

答：行程开关又称限位开关，属于机–电元件，其工作原理与按钮相类似，不同的是行程开关触点动作不靠手工操作，而是利用机械运动部件的碰撞使触点动作，从而将机械信号转换为电信号，再通过其他电器间接控制运动部件的行程、运动方向或进行限位保护等。

在实际生产中，将行程开关安装在预先安排的位置，当装在生产机械运动部件上的模块撞击行程开关时，行程开关的触点动作，实现电路的切换，如图1.26所示。

行程开关广泛用于各类机床和起重机械，用以控制其行程、进行终端限位保护。在电梯的控制电路中，还利用行程开关来控制开关轿门的速度、自动开关门的限位，以及轿厢的上、下限位保护。

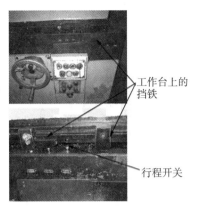

工作台上的挡铁

行程开关

图1.26　行程开关在YB6012B型半自动铣床的应用

 行程开关有哪些类型？

　　答：行程开关按其结构可分为直动式（按钮式）和滚轮式（旋转式），如图1.27所示。其中，滚轮式又分为单滚轮（单轮旋转）和双滚轮两种（双轮旋转）。

(a) 直动式　　　　(b) 单轮旋转式　　　　(c) 双轮旋转式

图1.27　行程开关

 行程开关有何结构？

　　答：直动式行程开关结构如图1.28所示，当运动机械的挡铁撞到行程开关的顶杆时，顶杆受压触动使动断触点断开，动合触点闭合；顶杆上的挡铁移走后，顶杆在弹簧作用下复位，各触点回至原始通断状态。

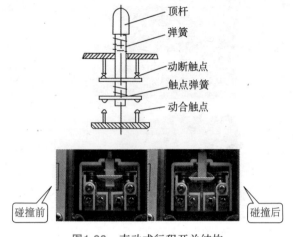

图1.28　直动式行程开关结构

　　旋转式行程开关的结构如图1.29所示，当运动机械的挡铁撞到行程开关的滚轮时，行程开关的杠杆连同转轴、凸轮一起转动，凸轮将撞块压下，当撞块被压至一定位置时便推动微动开关动作，使动断触点断开，动合触点闭合；当滚轮上的挡铁移走后，复位弹簧就使行程开关各部件恢复到原始位置。

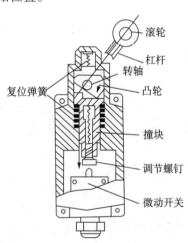

图1.29　旋转式行程开关的结构

如何选用行程开关？

答：选用行程开关，主要应根据被控制电路的特点、要求及生产现场条件和所需触点数量、种类等因素综合考虑。

（1）根据使用场合和控制对象确定行程开关种类。例如，当机械运动速度不太快时通常选用一般用途的行程开关，在机床行程通过路径上不宜装直动式行程开关而应选用凸轮轴转动式行程开关。

（2）行程开关额定电压与额定电流则根据控制电路的电压与电流选用。

（3）直动式行程开关不宜用于速度低于0.4m/min的场所。

（4）双滚轮行程开关具有两个稳态位置，有"记忆"作用，在某些情况下可以简化线路。

在电动机控制电路中较常用的电气元器件有哪些？ 有何功能或作用？

答：在电动机控制电路中，为满足不同控制功能的需要，使用电气元器件很多。除了本书前面已经介绍了的最基本器件之外，表1.34列出了比较常用的控制器件的功能或作用，以帮助读者正确分析电路，关于这些器件详细的介绍，请读者阅读相关的书籍。

表1.34　电动机控制电路的常用电气元器件

器件名称	功能或作用	图　示
负荷开关	负荷开关是手动直接启动所用设备的控制器件，分为开启式负荷开关（胶盖刀闸）和封闭式负荷开关（铁壳开关）	

器件名称	功能或作用	图 示
低压断路器	一种不仅可以接通和分断正常负荷电流和过负荷电流，还可以接通和分断短路电流的开关器件。低压断路器在异步电动机控制电路中除起控制作用外，还具有一定的保护功能，如过负荷、短路、欠压和漏电保护等	
组合开关	组合开关又称转换开关。可用作电源引入开关或作为5.5kW以下电动机的直接启动、停止、正反转和变速等的控制开关。在机床设备上用它来作为电源总开关	
倒顺开关	倒顺开关又称万能转换开关，是一种专用的组合开关。这种开关经常用于小型三相异步电动机正反转控制	
热继电器	热继电器是对电动机和其他用电设备进行过载保护的控制电器。与熔断器相比，它的动作速度更快，保护功能更为可靠	
中间继电器	中间继电器属于电磁继电器的一种。它通常用于控制各种电磁线圈，使有关信号放大，也可将信号同时传送给几个元件，使它们互相配合，起自动控制作用	

器件名称	功能或作用	图 示
时间继电器	时间继电器是利用电磁原理或机械动作原理实现触点延时闭合或延时断开的自动控制电器。常用的有空气阻尼式、电磁式、电动式及晶体管式等几种	
速度继电器	速度继电器与电动机轴装在一起，当转速降低到一定程度时，继电器内的触点就会断开，切断电动机电源，电动机停止转动	
磁力启动器	磁力启动器是一种全压启动控制电器，又叫电磁开关。由交流接触器、热继电器和按钮组成，封装在铁质壳体内。装在壳上的按钮控制交流接触器线圈回路的通断，并通过交流接触器的通断控制电动机的启动和停止。不可逆磁力启动器用于控制电动机的单向运转，可逆磁力启动器用于控制电动机的正反转	
星-三角启动器	星-三角启动器是电动机降压启动设备之一，适用于定子绕组接成三角形鼠笼式电动机的降压启动。它有手动式和自动式两种。手动式星-三角启动器不带保护装置，必须与其他保护电器配合使用。自动式星-三角启动器有过载和失压保护功能	

器件名称	功能或作用	图　示
自耦补偿启动器	自耦补偿启动器又叫补偿器，是鼠笼式电动机的另一种常用降压启动设备，主要用于较大容量鼠笼式电动机的启动，它的控制方式也分为手动式和自动式两种	
控制器	控制器主要用于电力传动的控制设备中，通过变换主回路、励磁回路的接法，或者变换电路中电阻的接法，来控制电动机的启动、换向、制动及调整。它在起重、运输、冶金、造纸、机械制造等部门的应用是相当普遍的。控制器可分为平面控制器(KP型)、鼓形控制器(KG型)、凸轮控制器(KT型)等3种类型	
电磁抱闸	电磁抱闸是电动机制动装置。电动机启动时，电磁抱闸上的电磁铁通电，电磁铁的衔铁克服弹簧的作用力，带动拉开抱闸闸瓦，电动机开始运转。电磁铁不通电时，抱闸在弹簧作用下，闸瓦紧紧抱住电动机轴上的闸轮，电动机停止运转	
启动电阻器	启动电阻器串接在绕线式电动机的转子回路中，在启动时来减小启动电流。启动电阻器有两种，铸铁电阻器和频敏变阻器	

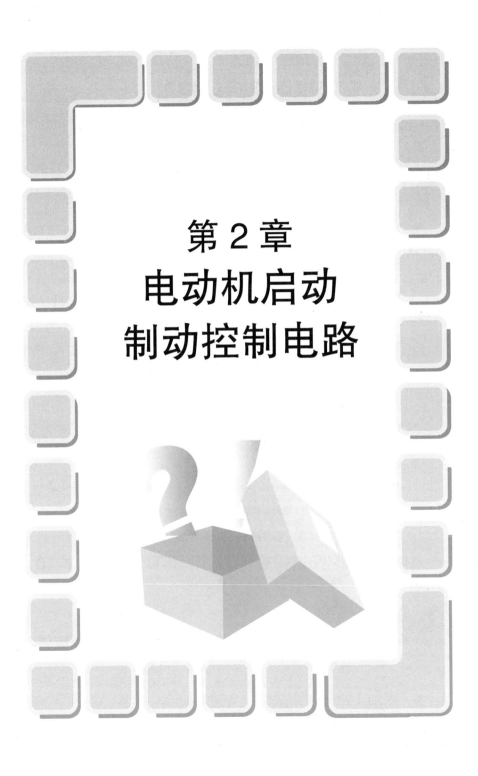

第 2 章
电动机启动
制动控制电路

2.1 交流电动机启动控制

电动机手动直接启动电路有哪些形式?

答：我们把利用闸刀或者接触器把电动机直接接到具有额定电压的电源上的控制电路称为电动机全压启动电路，或电动机直接启动电路。

手动直接启动可通过操纵隔离开关、转换开关、组合开关或自动开关等手动电器来实现电动机电源的接通与断开，图2.1所示为手动控制电动机启动、运行的几种方式。

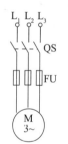
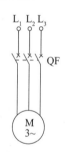
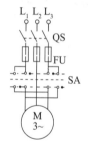

(a) 隔离开关控制方式　　(b) 断路器控制方式　　(c) 组合开关控制方式

图2.1　电动机手动直接启动电路

这种启动电路只有主启动电路，没有控制电路，所以无法实现自动控制。

隔离开关启动控制电路有何缺点? 应用时应注意哪些事项?

答：图2.1（a）所示为隔离开关控制电动机启停电路。若采用的隔离开关是胶盖闸刀开关，由于其断流能力低，所控制的电动机功率不能超过5.5kW。若采用铁壳开关控制，由于其灭弧能力较强、动作迅速，因此可控制28kW以下的电动机的直接启动。

用隔离开关控制电动机的启动时，不能用热继电器对电动机实现过载保护，只能采用熔断器实现短路保护，且电路无失压与欠压保护，对电动机的保护性能较差。同时，由于直接对主电路进行操作，安全性能也较差，操作频率低，只适合电动机容量较小，启动、换向不频繁的场合。

断路器启动控制电路有何缺点？应用时应注意哪些事项？

答：图2.1（b）所示为断路器控制电动机启停电路。断路器除具有手动操作功能外，在电路出现故障时还能通过脱扣器实现自动保护功能。可通过合理选用带脱扣器的断路器来实现对电动机的各种保护，例如，采用带过电流脱扣器和热脱扣器的断路器除了能实现手动接通和断开电路外，还能对电路进行短路和过载保护。

组合开关启动控制电路有何缺点？应用时应注意哪些事项？

答：图2.1（c）所示为组合开关控制电动机正反转电路。由于组合开关无灭弧机构，因此，电动机的功率不能超过5.5kW。且正反向转换时速度不能太快，以免引起过大的反接制动电流，影响电器的使用寿命。

在哪些场合可以采取电动机直接启动电路？

答：电动机能否直接启动，主要取决于电网容量的大小、电动机形式、启动次数和线路允许干扰的程度。

决定电动机能否直接启动的因素，大致有以下几点。

（1）电动机由变压器供电时，对于启动不频繁的电动机的容量，一般不宜超过变压器容量的30%；对于启动频繁的电动机的容量，则不宜超过变压器容量的20%。

（2）电动机由发电机直接供电时，直接启动的电动机容量可按0.1kW/（kV·A）计算，即容量为1kV·A的发电机允许0.1kW的电动机直接启动。

（3）如果没有独立的供电变压器，则限制电网电压降不能超过5%。

实践经验表明，直接启动方法一般用于10kW以下的小容量鼠笼形异步电动机。

 应该采用降压启动的电动机错误采用直接启动控制有何危害？

答：在电动机直接启动控制电路中，由于电动机的启动时间极短，电动机启动电流很大，因此线路的电压降较大。若本来应该采用降压启动的电动机，错误地采用了直接启动方式，可能带来以下几个方面的危害。

（1）影响同电网其他电动机的正常运行，给电动机本身及电网造成危险。

（2）由于瞬间电压降较大，可能引起灯变暗、数控机床失控等故障。

（3）大的电流冲击会使电动机绕组发热，因此电动机不能频繁启动。

 电动机单向启动自动控制电路是如何工作的？

答：图2.2所示为接触器控制的电动机单向启动自动控制电路电气原理图。电路图分为主回路和控制回路两部分。主回路由接触器的主触点接通或断开三相交流电源，它所流过的电流为电动机的电流；控制回路由按钮和接触器触点等组成，用来控制接触器线圈的通断电，所流过的电流较小，实现对主回路的控制。

（1）启动过程。合上电源开关QS→按下按钮SB₁→接触器KM线圈通电，执行机构动作→接触器KM主触点闭合，电动机得电启动运转，接触器KM辅助动合触点闭合，按钮松开后，接触器KM线圈继续得电。

（2）停止过程。按下按钮SB₂→接触器KM线圈失电，主触点断开，电动机失电停止运转；接触器KM辅助动合触点断开，切断自锁回路。

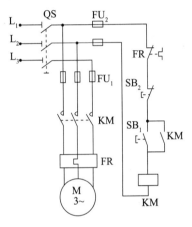

图2.2　电动机单向启动自动控制电路

图2.2中，使线圈得电、电动机启动的按钮SB₁称为启动按钮；使线圈断电、电动机失电停止运转的按钮SB₂称为停止按钮。

 电动机单向启动自动控制电路具有哪些保护功能？

答：接触器是一种自动控制器件，电流通断能力大，操作频率高且可实现远距离控制。接触器和按钮组成的控制电路是目前广泛采用的电动机控制方式。图2.2所示电路具有短路保护、过载保护、欠压保护和失压保护等功能，见表2.1。

表2.1　电动机单向启动自动控制电路的保护功能

保护功能	说　明
短路保护	主回路和控制回路分别由熔断器FU₁和FU₂实现短路保护。当控制回路和主回路出现短路故障时，能迅速有效地断开电源，实现对电器和电动机的保护
过载保护	由热继电器FR实现对电动机的过载保护。当电动机出现过载且超过规定时间时，热继电器双金属片过热变形，推动导板，经过传动机构，使动断辅助触点断开，从而使接触器线圈失电，电动机停转，实现过载保护
欠压保护	当电源电压由于某种原因下降时，电动机的转矩显著下降，将使电动机无法正常运转，甚至引起电动机堵转而烧毁。采用具有自锁的控制电路可避免出现这种事故。因为当电源电压低于接触器线圈额定电压的75%左右时，接触器就会释放，自锁触点断开，同时动合主触点也断开，使电动机断电，起到保护作用
失压保护	电动机正常运转时，电源可能停电，当恢复供电时，如果电动机自行启动，很容易造成设备和人身事故。采用带自锁的控制电路后，断电时由于自锁触点已经打开，当恢复供电时，电动机不能自行启动，从而避免了事故的发生 欠压和失压保护作用是按钮、接触器控制连续运行的控制电路具有的一个重要特点

请分析水泵站电动机直接启动控制电路是如何工作的？

答：图2.3所示为某水泵站的电动机控制电路图。

水泵站内部图

(a) 水泵站

图2.3　某水泵站电动机控制电路

第2章　电动机启动制动控制电路

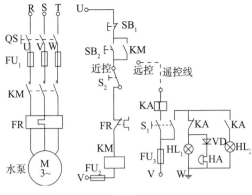

(b) 控制电路

续图2.3

该电路可以远控和近控（就地）。

（1）远控时，转换开关S_2置于"远控"位置，合上电源开关QS接通电源，水泵处于预备启动状态。在控制端合上控制开关S_1，电源U→熔断器FU_3→开关S_1→电流继电器线圈KA→遥控线→开关S_2→热继电器FR的常闭触点→接触器KM线圈→熔断器FU_2→电源V相构成闭合回路，使接触器KM线圈得电，所有常开触点闭合，水泵运行抽水。

（2）近控时，将转换开关S_2置于"近控"位置，可以通过启动按钮SB_1和停止按钮SB_2控制水泵的启动和停止，工作过程与典型的继电器控制的交流电动机的启停控制完全相同。

什么是电动机降压启动？常用的降压启动方式有哪些？

答：降压启动是指利用启动设备将电压降低后，再加到电动机上，当电动机转速达到一定值时，再转接到额定电压下运行。这种方法虽然可以减小启动电流，但因为电动机的转矩与电压的平方成正比，电动机的启动转矩也因此而减小，所以只适用于笼形电动机空载或轻载启动的场合。一般常用的降压启动方法有三种，见表2.2。

表2.2　笼形电动机降压启动方式

方 式	说 明	应用场合
Y-△降压启动	启动时将定子三相绕组做Y连接，以限制启动电流，待转速接近额定转速时再换接成△，使电动机全压运行 采用这种启动方法，启动电流较小，启动转矩也较小，电动机可频繁启动。启动电流为△接时的三分之一	一般适用于正常运行为△接法的、容量较小的电动机做空载或轻载启动
自耦变压器降压启动	将自耦变压器高压侧接电网，低压侧接电动机。启动时，利用自耦变压器分接头来降低电动机的电压，待转速升到一定值时，自耦变压器自动切除，电动机与电源相接，在全压下正常运行 这种启动方法可通过选择自耦变压器的分接头位置来调节电动机的端电压，而启动转矩比Y-△降压启动大。但自耦变压器投资大，且不允许频繁启动	适用于Y或△连接的、容量较大的电动机
延边三角形降压启动	启动时，定子绕组接成延边三角形，以减小启动电流，待电动机启动后，再换接成三角形，使电动机在全压下运行 这种启动方法可通过调节定子绕组的抽头比来取得不同数值的启动转矩，从而克服了Y-△降压启动电压偏低、启动转矩较小的缺点。它适用于定子绕组有中间抽头的电动机，也可做频繁启动 启动时，在转子回路中串入电阻做Y连接，以减小启动电流、增大启动转矩，使电动机获得较好的启动性能	适用于线绕式异步电动机

手动控制的Y-△降压启动电路是如何工作的？

答：图2.4所示为手动控制电动机Y-△降压启动控制电路。图中，手动控制开关SA有两个位置，分别对应的是电动机定子绕组星形（Y）和三角形（△）连接。

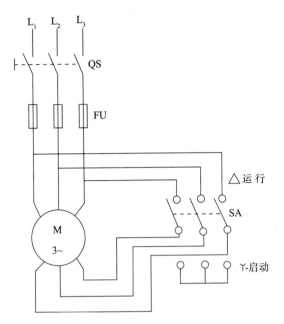

图2.4 手动控制Y-△降压启动控制电路

启动时，将开关SA置于"启动"位置，电动机定子绕组被接成星形，电动机降压启动。

当电动机启动且转速上升到一定值后，再将开关SA置于"运行"位置，电动机定子绕组接成三角形连接方式，电动机全压运行（正常运行状态）。

该电路较简单，开关SA可选用一把能双向控制的三相隔离开关，也可采用两把单向的三相隔离开关。

自动控制的Y-△降压启动电路是如何工作的?

答：图2.5所示为采用接触器控制Y-△降压启动电路。图中使用了三个接触器KM₁、KM₂、KM₃，一个通电延时型的时间继电器KT和两个按钮SB₁、SB₂。时间继电器KT用于控制星形连接降压启动的时间，以便完成Y-△的自动切换。

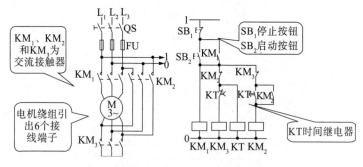

图2.5　接触器控制的Y-△降压启动电路

当接触器KM_1，KM_3主触点闭合时，电动机星形连接；当接触器KM_1，KM_2主触点闭合时，电动机三角形连接。

该电路的工作过程如下：

$$SB_2^{\pm} \longrightarrow KM_3^{+} \longrightarrow M+(Y启动)$$
$$\longrightarrow KM_{1自}^{+}$$
$$\longrightarrow KT^{+} \xrightarrow{\Delta t} KM_3^{-} \longrightarrow M^{-}$$
$$\longrightarrow KM_{2自}^{+} \longrightarrow M^{+}（△运行）$$
$$\longrightarrow KT^{-}, KM_3^{-}$$

在该电路中，接触器KM_3得电以后，通过KM_3的辅助触点使接触器KM得电动作，这样KM_3主触点是在无负载的条件下进行闭合的，故可延长接触器KM_3主触点的使用寿命。

在该电路中，电动机三角形运行时，时间继电器KT和接触器KM_3均断电释放，这样，不仅使已完成Y-△降压启动任务的时间继电器KT不再通电，而且可以确保接触器KM_2通电后，接触器KM_3无电，从而避免接触器KM_3与KM_2同时通电造成短路事故。

在该电路中，由于星形启动时启动电流为三角形连接时的1/3，启动转矩也只有三角形连接时的1/3，转矩特性较差。因此，该电路只适用于空载或轻载启动的场合。

该电路的缺点是接触器KM_2和KM_3是带电切换。

为了分析原理时一目了然，叙述方便，本书采用的叙述符号见表2.3。

表2.3 分析原理的叙述符号

符　号	含　义	符　号	含　义
SB$^+$	按下控制开关SB	M$^-$	电动机失电停转
SB$^-$	松开控制开关SB	M$^\pm$	电动机运转、停转
SB$^\pm$	先按下SB，后松开	KM$_自^+$	接触器触点"自锁"
M$^+$	电动机得电运转	KM$^\pm$	接触器线圈先得电，后失电

 ## 如何用两只接触器实现Y-△降压启动控制？

答：图2.6所示为另一种自动控制电动机Y-△降压启动的控制电路。它不仅只采用两个接触器KM$_1$、KM$_2$，而且电动机由星形接法转为三角形接法时是在切断电源的同一时间内完成的。即按下按钮SB$_2$，接触器KM$_1$通电，电动机星形启动，经过一段时间后，接触器KM$_1$瞬时断电，接触器KM$_2$通电，电动机接成三角形，然后接触器KM$_1$再重新通电，电动机三角形全压运行。电路工作过程请读者自行分析。

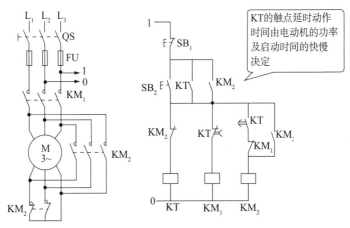

图2.6 用两只接触器实现Y-△降压启动控制电路

按钮控制的定子串电阻降压启动电路是如何工作的？

答：图2.7所示为按钮控制笼形异步电动机定子串电阻降压启动电路。

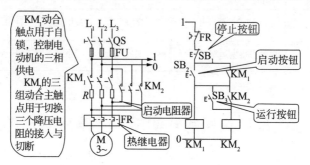

图2.7　按钮控制笼形电动机定子串电阻降压启动电路

启动时，合上电源开关QS。该电路的工作过程如下：

$$SB_2^{\pm} \longrightarrow KM_{1\text{自}}^{+} \longrightarrow M^{+} (串R降压启动)n_2 \uparrow \cdots$$

$$SB_3^{\pm} \longrightarrow KM_2（短接降压电阻R）\longrightarrow M^{+}（全压运行）$$

式中，$n_2 \uparrow$ 是指转子转速的上升。

按下按钮SB_1，电动机停止运行。

定子串电阻降压启动控制电路的优点是结构简单，动作可靠，有利于提高功率因数。

定子串电阻降压启动控制电路的缺点是，如果过早按下运行按钮SB_3，电动机还没有达到额定转速附近就加全压，会引起较大的启动电流。并且启动过程要分两次按下按钮SB_2和SB_3，也显得很不方便。因此，不能实现启动全过程自动化。通常在中、小容量电动机且不经常启动时，才采用这种方法。

时间继电器控制的定子串电阻降压启动电路是如何工作的？

答：时间继电器控制笼形异步电动机定子串电阻降压启动控制电

路如图2.8所示。

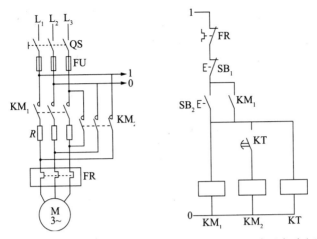

图2.8　时间继电器控制笼形异步电动机定子串电阻降压启动电路

该电路的工作过程如下：

$$SB_2^{\pm} \longrightarrow KM_{1\dot{B}}^+ \longrightarrow M^- (串R降压启动)$$

$$\longrightarrow KT^+ \xrightarrow{\Delta t} KM_2^+ \longrightarrow M^+ (全压运行)$$

该电路在图2.7的控制电路基础上，增加了一个时间继电器。当合上开关QS，按下启动按钮SB₂后，交流接触器KM₁与时间继电器KT的线圈同时得电工作。电动机得电启动工作后，时间继电器KT线圈进入延时状态，延时到达预定时间时，其延时闭合触点闭合，又接通了交流接触器KM₂的线圈，其动合主触点闭合，使3个启动电阻被短接，电动机顺利进入正常运行状态。

该电路的缺点是，按下启动按钮SB₂后，电动机先串电阻R降压启动，经一定延时（由时间继电器KT确定）后，电动机才全压运行。但在全压运行期间，时间继电器KT和接触器KM₁线圈均通电，不仅消耗电能，而且缩短了电器的使用寿命。

该电路仅适用于对启动要求不高的轻载或空载场合。

如何估算启动电阻值的大小？

答：启动电阻一般采用ZX1、ZX2系列的铸铁电阻。铸铁电阻功率大，能够通过较大电流。启动电阻R可用以下近似公式计算：

$$R = 190 \times \frac{I_1 - I_2}{I_1 I_2}$$

式中，I_1为未串联电阻前的启动电流（A），一般$I_1 = (4 \sim 7)I_N$；I_N为电动机的额定电流（A）；I_2为串联电阻后的启动电流（A），一般$I_2 = (2 \sim 3)I_N$。

启动电阻的功率可用公式$P = I_N^2 R$计算。因启动电阻仅在启动过程中接入，且启动时间很短，所以实际选用的电阻功率可比计算值小3~4倍。

绕线式异步电动机转子串电阻降压启动有哪两种控制方式？

答：三相交流绕线式异步电动机的转子中绕有三相绕组，通过滑环可以串入外加电阻（或电抗），从而减少启动电流，同时也可以增加转子功率因数和启动转矩。

绕线式异步电动机转子回路串电阻启动主要有两种方式：一种是按电流原则逐段切除转子外加电阻；另一种是按时间原则逐段切除转子外加电阻。

电流继电器控制的转子串电阻启动控制电路是如何工作的？

答：图2.9所示为电流继电器控制绕线式异步电动机转子串电阻启动控制电路。

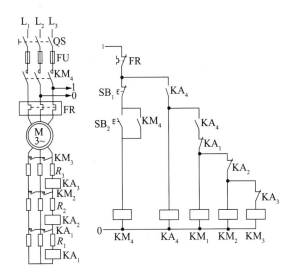

图2.9 电流继电器控制绕线式异步电动机转子串电阻启动控制电路

图2.9中，KM_1、KM_2、KM_3为短接电阻接触器，R_1、R_2、R_3为转子外加电阻，KA_1、KA_2、KA_3为电流（中间）继电器，它们的线圈串联在转子回路中，由线圈中通过的电流大小决定触点动作顺序。KA_1、KA_2、KA_3三个电流继电器的吸合电流一致，但释放电流不一致，KA_1最大，KA_2次之，KA_3最小。

其工作过程如下：合上电源开关QS，按下按钮SB_1，在启动瞬间，转子转速为零，转子电流最大，三个电流继电器同时吸合（电动机串全部电阻启动），随着转子转速的逐渐提高，转子电流逐渐减小，由于电流继电器KA_1整定值最大，所以最早动作，然后随转子电流进一步减小，电流继电器KA_2、KA_3依次动作，完成逐级切除电阻的工作。

启动结束，电动机在额定转速下正常运行。

$$SB_2^\pm \longrightarrow KM_1^+ \longrightarrow M^+ （串R_1,R_2,R_3）启动，且 KA_1^+,KA_2^+,KA_3^+ \xrightarrow{n_2\uparrow,I_2\downarrow}$$

$$KA_1KM_1 （切除电阻R_1） \xrightarrow{n_2\uparrow\uparrow,I_2\downarrow\downarrow} KA_2 \longrightarrow KM_2 （切除电阻R_2）$$

$$\xrightarrow{n_2\uparrow\uparrow\uparrow,I_2\downarrow\downarrow\downarrow} KA_3 \longrightarrow KM_3 （切除电阻R_3） \longrightarrow M^+ （正常运行）$$

式中，$n_2\uparrow$，$n_2\uparrow\uparrow$，$n_2\uparrow\uparrow\uparrow$分别表示转子转速逐渐提高；$I_2\downarrow$，$I_2\downarrow\downarrow$，$I_2\downarrow\downarrow\downarrow$分别表示转子电流逐渐减小。

串电阻减压启动的缺点是减小了电动机的启动转矩，同时启动时在电阻上功率消耗也较大。如果启动频繁，则电阻的温度很高，对于精密的机床会产生一定的影响，故目前这种减压启动的方法在实际生产中的应用正在逐步减少。

时间继电器控制的转子串电阻启动控制电路是如何工作的?

答：图2.10所示为时间继电器控制绕线式异步电动机转子串电阻启动控制电路。

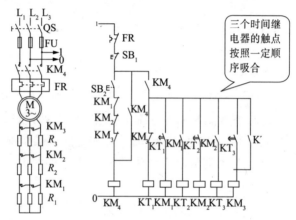

图2.10　时间继电器控制的绕线式异步电动机转子串电阻启动控制电路

图2.10中，KM_1、KM_2、KM_3为短接电阻接触器；KM_4为电源接触器；R_1、R_2、R_3为三级启动电阻。

KT_1、KT_2、KT_3为通电延时型时间继电器，这三个时间继电器分别控制三个接触器KM_1、KM_2、KM_3按顺序依次吸合，自动切除转子绕组中的三级电阻（其延时时间的大小决定动作顺序，以达到按时间原则逐段切除电阻的目的）。

与启动按钮SB_2串接的KM_1、KM_2、KM_3三个动合触点的作用是保证电动机在转子绕组中接入全部启动电阻的条件下才能启动。若其中任何一个接触器的主触点因熔焊或机械故障而没有释放时，电动机就不能启动。

该电路的原理与按照电流原则控制绕线式异步电动机转子串电阻

　　　　第2章　电动机启动制动控制电路

启动控制电路的工作原理基本相同，请读者自己分析。

绕线式异步电动机转子串频敏变阻器启动电路是如何工作的？

答：绕线式异步电动机转子回路串接电阻启动，不仅使用电器多，控制电路复杂，启动电阻发热消耗能量，而且启动过程中逐段切除电阻，电流和转矩变化较大，会对生产机械造成较大的机械冲击。

频敏变阻器是一种静止的、无触点的电磁元件，它由几块30～50 mm厚的铸铁板或钢板叠成的三柱式铁心和装在铁心上并接成星形的三个线圈组成。若将其接入电动机转子回路内，则随着启动过程（转速升高或转子频率下降）的进行，其阻抗值自动下降。这样不仅不需要逐段切除电阻而且启动过程也能平滑进行。

频敏变阻器启动电路的连接种类有单组、两组串联、两组并联、二串联二并联等，如图2.11所示。频敏变阻器在启动完毕后应切除短接，若电动机本身有短路装置，则可直接使用。如果没有短路装置，则可另外安装隔离开关来短路，如图2.11（e）所示。

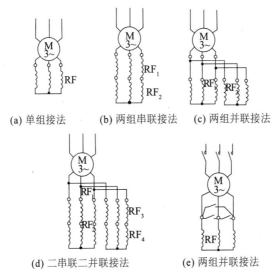

(a) 单组接法　　(b) 两组串联接法　　(c) 两组并联接法

(d) 二串联二并联接法　　　(e) 两组并联接法

图2.11　频敏变阻器启动电路的连接方法

图2.12所示为绕线式异步电动机转子串频敏变阻器启动控制电路，它是利用频敏变阻器的阻抗随着转子电流频率的变化而自动变化的特点来实现的。

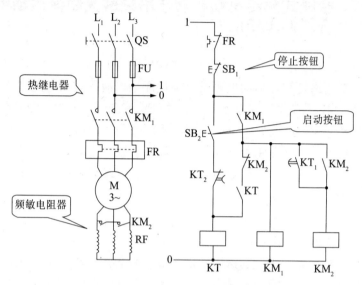

图2.12　绕线式异步电动机转子串频敏变阻器启动控制电路

在该电路中，RF为频敏变阻器，采用的是一种单组连接方法；SB_1为停止按钮，SB_2为启动按钮。接触器KM_1的三组动合触点用于控制三相电动机的供电；KM_2为切换频敏变阻器的交流接触器，KM_2的另一个触点用于控制时间继电器KT线圈的供电；KT为时间继电器，KT_1为延时动合触点，KT_2为动断触点；FR为热继电器。

启动时，按下启动按钮SB_2，交流接触器KM_1线圈得电吸合，其三组动合触点闭合后自锁，为三相电动机提供三相电源，电动机转子电路串入了频敏变阻器并启动。

在按下按钮SB_2以后，时间继电器KT线圈也同时得电工作，经延迟一段时间后，其KT_1触点闭合，接通交流接触器KM_2线圈，使KM_2得电吸合，其动断触点断开，切断对时间继电器KT线圈的供电，KM_2动合触点闭合，使频敏变阻器RF被短接，启动过程结束，电动机进入正常运行状态。

　第2章　电动机启动制动控制电路

上述工作过程可归纳为：

$$SB_2^{\pm} \rightarrow KT^+ \rightarrow KM_{1自}^+ \rightarrow M^+（串频敏变阻器降压启动）$$

$$\Delta t, n\uparrow \rightarrow KM_2^+ \rightarrow M^+（全压运行）$$

$$\rightarrow KT^-$$

在使用过程中，如果出现启动电流过大、启动太快或者启动电流过小、启动转矩不够、启动太慢等情况，可采用换接调整频敏电阻器抽头的方法来解决（适当增加或减少匝数），即应及时调整频敏电阻器的匝数和气隙。

在刚启动时，启动转矩过大，有机械冲击现象；但启动结束后，稳定的转速又太低(偶尔启动用变阻器启动完毕短接时，冲击电流较大)，可增加铁心气隙。

常用启动电阻器有哪些？

答：常用的启动电阻器有铸铁电阻器、板形(框架式)电阻器、铁铬铝合金电阻器和管形电阻器。

（1）铸铁电阻器的型号为ZX1，它由铸或冲压成形的电阻片组装而成，取材方便。其特点是价格低廉，有良好的耐腐蚀性和较大的发热时间常数，但性脆易断，电阻值较小，温度系数较大。适用于交流低压电路中，供电动机启动、调速、制动及放电等用。

（2）框架式电阻器的型号为ZX2，是在板质瓷质绝缘件上绕制的康铜电阻元件。其特点是耐振，具有较高的机械强度。适用于交、直流低压电路，更适用于要求耐振的场合。

（3）铁铬铝合金电阻器有ZX9和EX15两种型号。前者由铁、铬、铝合金电阻带轧成波浪形式，电阻为敞开式，计算功率约为4.6kW。后者由铁、铬、铝合金带制成的螺旋式管状电阻元件(ZY型)装配而成，计算功率约为4.6kW。适用于大、中功率电动机的启动、制动和调速。

自耦变压器降压启动手动控制电路是如何工作的？

答：图2.13所示为自耦变压器降压启动手动控制电路。图中操作手柄有三个位置："停止"、"启动"和"运行"。操作机构中设有机械连锁机构，它使得操作手柄未经"启动"位置就不可能扳到"运行"位置，从而保证了电动机必须先经过启动阶段以后才能投入运行。

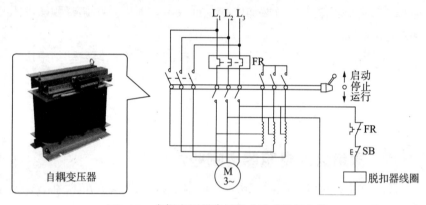

图2.13　自耦变压器降压启动手动控制电路

当操作手柄置于"停止"位置时，所有的动、静触点都断开，电动机定子绕组断电，停止转动。

当操作手柄向上推至"启动"位置时，启动触点和中性触点同时闭合，电流经启动触点流入自耦变压器，再由自耦变压器的65%（或85%）抽头处输出到电动机的定子绕组，使定子绕组降压启动。随着启动的进行，当转子转速升高到接近额定转速附近时，可将操作手柄扳到"运行"位置，此时启动工作结束，电动机定子绕组获得电网额定电压，电动机全压运行。

停止时必须按下按钮SB，使失压脱扣器的线圈断电从而造成衔铁释放，通过机械脱扣装置将运行触点断开，切断电源。同时也使手柄自动跳回到"停止"位置，为下一次启动做好准备。

注意：自耦变压器只在启动过程中短时工作，在启动完毕后应从电源中切除。

自耦变压器降压启动控制电路的优点是启动转矩和启动电流可以调节。缺点是设备庞大、成本较高。因此，这种减压启动方法适用于额定电压为220/380V、△/Y连接、功率较大的三相异步电动机的降压启动。

自耦变压器备有65%和85%两挡电压抽头，出厂时一般是接在65%抽头上，可根据电动机的负载情况选择不同的启动电压。

自耦变压器降压启动自动控制电路是如何工作的？

答：图2.14所示为自耦变压器降压启动自动控制电路，它是依靠接触器和时间继电器实现自动控制的。

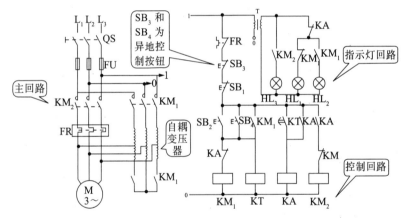

图2.14　自耦变压器降压启动自动控制电路

该电路由主回路、控制回路和指示灯回路三部分组成。其中，指示灯回路由变压器和三个指示灯组成，它们分别根据控制线路的工作状态显示"启动"、"运行"和"停机"。

指示灯HL_1亮，表示电源有电，电动机处于停止状态；指示灯HL_2亮，表示电动机处于降压启动状态；指示灯HL_3亮，表示电动机处于全压运行状态。

该电路的工作过程如下：

$$SB_2^{\pm} \rightarrow KM_{1\dot{E}}^{+} \rightarrow M^{+}(\text{利用自耦变压器降压启动})$$
$$\rightarrow KM_2^{-}（\text{互锁}）$$
$$\rightarrow HL_2^{+}（\text{指示降压启动}）$$
$$\rightarrow KT^{+}\xrightarrow{\Delta t} KA_{\dot{E}}^{+} \rightarrow KM_1^{-} \rightarrow M^{-}$$
$$\rightarrow KM_2（\text{互锁解除}）$$
$$\rightarrow KM_2^{+} \rightarrow M^{+} \quad （\text{全压运行}）$$
$$\rightarrow HL_2^{-}, \quad HL_1^{-}$$
$$\rightarrow HL_3^{+}（\text{指示全压运动}）$$

停止时，按下停止按钮SB₂，控制回路失电，电动机停止运转。

电路图中设置了SB₃和SB₄两个按钮，它们不仅可以安装在自动补偿器箱中，也可以安装在外部，以便实现远程控制（异地控制）。在自动启动补偿箱中一般只留下4个接线端，SB₃和SB₄用引线接入箱内。

图2.15所示为另一种自耦变压器降压启动控制电路。该电路由三个接触器控制，主回路增加了电流互感器TA，它一般在容量为100kW以上电动机降压启动控制线路中使用，热继电器FR的发热元件上并联的KA动合触点在启动时短接发热元件，以防止因启动电流过大而造成误动作；而运行时，KA触点断开，主回路经电流互感器串入发热元件，达到过载保护的目的。三个指示灯HL₁、HL₂、HL₃分别表示停机且线路电压正常、降压启动和全压运行三种状态，SA为选择开关，有自动（A）和手动（M）两种位置。其电路原理请读者自己分析。

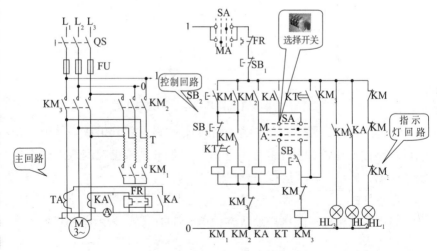

图2.15　三个接触器控制的自耦变压器降压启动控制电路

延边三角形启动电动机绕组是如何接线的？有何特点？

答：采用Y/△降压启动时，可以在不增加专用启动设备的条件下实现降压启动，但是其启动转矩较低，仅适用于空载或轻载状态下的启动。而延边三角形降压启动是一种既不增加专用启动设备，还可适当提高启动转矩的降压启动方法。因为电动机的定子绕组每相都有一个中间抽头，启动时，将每相定子绕组的尾端4、5、6分别与中间抽头7、8、9相连，首端1、2、3接相电源，这时定子绕组一部分接成△形，另一部分接成Y形，合起来就像一个三条边都延长了一段的△形，故称"延边三角形"启动。当转速升高到一定值后，三相绕组改成图2.16(a)所示的接法，电动机正常运行。

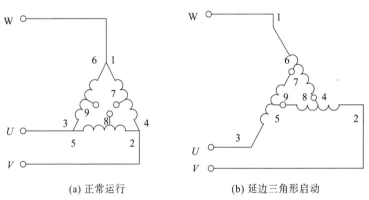

(a) 正常运行   (b) 延边三角形启动

图2.16 延边三角形启动电动机绕组接线

电动机定子绕组接线按延边三角形连接时，每相绕组承受的电压比三角形连接时低，又比星形连接时高，这样既可实现降压启动，又可提高启动转矩。接成延边三角形时每相绕组的相电压、启动电流和启动转矩的大小是根据每相绕组两部分阻抗的比例（称为抽头比）的改变而变化的。在实际应用中，可根据不同的使用要求，选用不同的抽头比进行降压启动，待电动机启动旋转以后，再将绕组接成三角形，使电动机在额定电压下正常运行。

电动机延边三角形降压启动电路是如何工作的?

答：延边三角形降压启动电路如图2.17所示。图中，KM_1为线路接触器，KM_2为△连接接触器，KM_3为延边三角形连接接触器，KT为启动时间继电器。启动时，KM_1、KM_3通电并自锁，电动机接成延边三角形启动，经过一定延时后，KT动作使KM_3断电、KM_2通电，电动机接成△连接，正常运转。

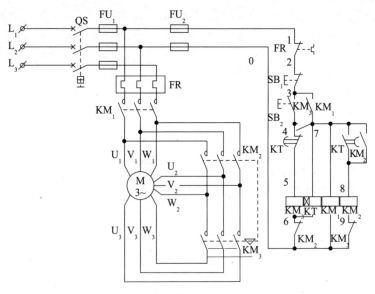

图2.17　延边三角形降压启动电路原理图

下面介绍其工作过程:

（1）闭合电源开关QS。

（2）延边三角形启动。

（3）经过时间继电器的延时，电动机切换到三角形运行。

KT动断触点→KM$_3$线圈 { KM$_3$主触点分断
延时分断　　失电　　{ KM$_3$联锁触点闭合

KT动合触点 ┐ { KM$_2$主触点闭合　→ 电动机三角形运行
延时闭合　┘ KM$_2$线圈 { KM$_2$自锁触点闭合　→ 自锁
　　　　　　得电 { KM$_2$联锁触点分断　→ 联锁，KT线圈失电

（4）停机。

按下停止按钮SB$_1$→KM$_1$、KM$_2$线圈断电释放→电动机失电停机

2.2　交流电动机制动控制

电动机反接制动控制电路是如何工作的?

答：反接制动是常用的电气制动方法之一。停机时，在切断电动机三相电源的同时，交换电动机定子绕组任意两相电源线的接线顺序，改变电动机定子电路的电源相序，使旋转磁场方向与电动机原来的旋转方向相反，产生与转子旋转方向相反的制动转矩，使电动机迅速停机。

进行反接制动时，由于反向旋转磁场的方向和电动机转子惯性旋转的方向相反，因而转子与反向旋转磁场的相对速度接近于两倍同步转速，所以转子电流很大，定子绕组中的电流也很大。其定子绕组中的反接制动电流相当于全压启动时电流的两倍。为减小制动冲击和防止电动机过热，应在电动机定子电路中串接一定阻值的反接制动电阻。同时，在采用反接制动方法时，还应在电动机转速接近零时，及时切断反向电源，以避免电动机反向再启动。

图2.18所示为三相异步电动机单向运转反接制动控制电路。

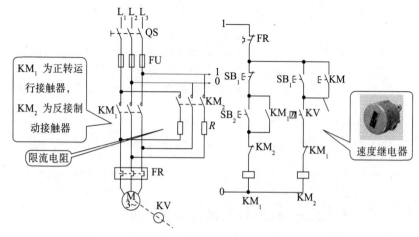

图2.18　三相异步电动机单向运转反接制动控制电路

该电路是在普通电动机控制电路上增加了一只速度继电器而得到的。同时，在反接制动时增加了两个限流电阻R。KM_1为正转运行接触器，KM_2为反接制动接触器；KV为速度继电器，其轴与电动机轴相连接。

主回路中所串电阻R为制动限流电阻，防止反接制动瞬间过大的电流可能会损坏电动机。速度继电器KV与电动机同轴，当电动机转速上升到一定数值时，速度继电器的动合触点闭合，为制动做好准备。制动时用动机转速迅速下降，当其转速下降到接近零时，速度继电器动合触点恢复断开，接触器KM_2线圈断电，防止电动机反转。

该电路工作过程如下：

启动：$SB_2^{\pm} \longrightarrow KM_{1自}^{+} \longrightarrow M^{+}(正转) \xrightarrow{n_2\uparrow} KV^{+}$
　　　　　　　　　　　　$\longrightarrow KM_2^{-}(互锁)$

反接制动：$SB_1^{\pm} \longrightarrow KM_1^{-} \longrightarrow M^{-}$
　　　　　　　　　　　　　　$\longrightarrow KM_2(互锁解除)$
　　　　　　$\longrightarrow KM_{2自}^{+} \longrightarrow M^{+}(串R制动) \xrightarrow{n_2} KV^{-} \longrightarrow KM_2^{-} \longrightarrow M^{-}(制动完毕)$
　　　　　　　　　　　　　　$\longrightarrow KM_1^{-}(互锁)$

反接制动适用于10kW以下小功率电动机的制动，并且对4.5KW以上的电动机进行反接制动时，需要在定子回路中串联限流电阻R，以限制反接制动电流。在一些中小型普通车床、铣床中的主轴电动机的制动，常采用这种反接制动方法。

采用不对称电阻法只是限制转动力矩，没加制动电阻的一相仍有较大的制动电流。这种制动方法电路简单，但能耗大、准确度差。此法适用于容量较小的电动机，且要求制动不频繁的场合。

在反接制动控制电路中为什么要用速度继电器？

答：反接制动的特点之一是制动迅速而冲击大，仅适用于小容量电动机。为了限制电流和减小机械冲击，通常在反接制动时，采用在定子电路中串接适当电阻的方法。反接制动的特点之二是电动机在制动力矩作用下转速下降到接近零时，应及时切除电源以防止电动机反向再启动。

由此可见，为了防止反接制动变成反向旋转，最有效的办法是利用速度继电器检验减速效果，当速度降低到一定程度（接近零速）时立即断开电源。如果没有速度继电器或者速度继电器损坏，靠人工观察的方法来断开电源，稍有不慎就会导致电动机反向旋转，造成事故。

时间继电器控制的能耗制动控制电路是如何工作的？

答：图2.19所示为由时间继电器控制的能耗制动控制电路，适用于鼠笼式电动机的能耗制动。

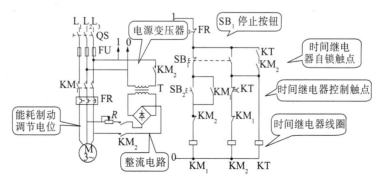

图2.19 时间继电器控制的能耗制动控制电路

在图2.19中，主回路在进行能耗制动时所需的直流电源，由4个二极管组成单相桥式全波整流电路通过接触器KM_2引入，交流电源与直流电源的切换由接触器KM_1和KM_2来完成，制动时间由时间继电器KT决定。

当启动电动机时，按下启动按钮开关SB_2后，交流接触器KM_1线圈得电吸合，其动合触点闭合自锁，另一动合触点闭合后使时间继电器KT线圈得电工作；KM_1的动断触点断开后，可防止KM_2线圈误得电而工作；KM_1三组动合触点闭合后，使电动机得电工作。

在时间继电器KT线圈通电后，其动合延时分断触点瞬间接通，但由于接触器KM_1的动断触点已断开，故接触器KM_2不会得电工作。

在需要停机时，按下停止按钮开关SB_1，接触器KM_1线圈断电释放，其所有触点均复位，当KM_1已闭合的触点断开后，KT线圈断电；KM_1触点复位闭合使交流接触器KM_2线圈得电吸合，其动断触点断开可防止KM_1线圈得电误动作。KM_2的两组动合触点与KM_2动断触点闭合使电源变压器T一次侧得电工作，从二次侧输出的交流低压经桥式整流后得到的直流电压加到电动机定子绕组上，从而使电动机迅速制动停机。

经过一段时间后，时间继电器延时动断触点断开，使接触器KM_2线圈的供电通路被切断，KM_2释放并切断了直流电源，制动过程结束。

上述工作过程可归纳为：

启动：$SB_2^{\pm} \rightarrow KM_{1自}^{+} \rightarrow M^{+}$（启动）
$\qquad\qquad\qquad\quad \rightarrow KM_2^{-}$（互锁）

能耗制动：$SB_1^{\pm} \rightarrow KM_1^{-} \rightarrow M^{-}$（自由停车）
$\qquad\qquad\qquad \rightarrow KM_{2自}^{+} \rightarrow M^{+}$（能耗制动）
$\qquad\qquad\qquad \rightarrow KT_{自}^{+} \xrightarrow{t} KM_2^{-} \rightarrow M^{-}$（制动结束）

能耗制动的优点是制动准确平稳且能量消耗较小。缺点是需附加直流电源装置、设备费用较高、制动力较弱、在低速时制动力较小。因此，能耗制动一般用于要求制动准确、平稳的场合。

能耗制动时产生的制动转矩的大小，与通入定子绕组中直流电流的大小、电动机的转速及转子电路中的电阻有关。电流越大，产生的静止磁场就越强；而转速越高，转子切割磁力线的速度就越大，产生的制动转矩也就越大。对于笼型异步电动机，增大制动转矩只能通过增大通入电动机的直流电流来实现，而通入的直流电流又不能太大，过大会烧坏定子绕组。

 ## 速度继电器控制的能耗制动控制电路是如何工作的？

答：图2.20所示为速度继电器控制的能耗制动控制电路。

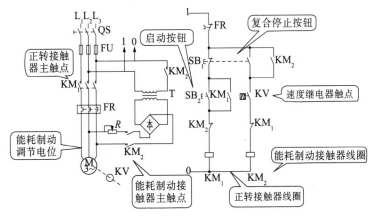

图2.20　速度继电器控制的能耗制动控制电路

其动作原理与图2.19所示电路相似。

合上电源开关QS，按下正转启动按钮SB₂，接触器KM₁得电吸合，电动机启动运转。当电动机转速超过130r/min时，速度继电器相应的正向触点闭合，接通接触器KM₂，为能耗制动停车作准备。

停车制动时，按下按钮SB₁，接触器KM₁失电，主触点释放断开，电动机靠惯性运行。此时，KM₁辅助触点闭合自锁。由于接触器KM₂得电，其主触点吸合，电动机定子绕组接入脉动直流电源，进行能耗制动。随着转速下降至100r/min时，速度继电器触点断开，接触器KM₂失电，其主触点断开，切除直流电源，能耗制动结束，电动机自然停车。

注意：全波整流能耗制动控制电路的制动电流较大，一般10kW以上的电动机常采用这种电路。

 ## 无变压器半波整流单向能耗制动控制电路是如何工作的？

答：图2.21所示为无变压器半波整流单向能耗制动控制电路。

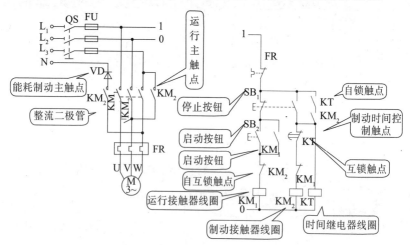

图2.21　无变压器半波整流单向能耗制动控制电路

根据直流电源的整流方式，能耗制动分为半波整流能耗制动和全波整流能耗制动。图2.21所示电路属于半波整流能耗制动。

在该电路中，KM$_1$为电动机运行接触器，KM$_2$为制动接触器，KT为控制能耗制动时间的通电延时时间继电器。该电路整流电源电压为220V，由KM$_2$主触点接至电动机定子绕组，再经整流二极管VD与电源中性线N构成闭合电路（注：有的电路在二极管支路上还串联一个限流电阻，本电路没有这个电阻）。制动时电动机的U、V相与接触器KM$_2$主触点并联，因此只有单方向制动转矩。

启动时，合上电源开关QS，按下启动按钮SB$_2$，接触器KM$_1$线圈得电吸合，KM$_1$主触点闭合，电动机启动。

停止制动时，按下停止按钮SB$_1$，接触器KM$_1$线圈断电释放，KM$_1$

主触点断开，电动机断电靠惯性运转，同时，接触器KM₂和时间继电器KT线圈得电吸合，KM₂主触点闭合，电动机进行半波能耗制动；能耗制动结束后，KT动断触点延时断开，KM₂线圈断电释放，KM₂主触点断开半波整流脉动直流电源。

在该电路中，时间继电器KT瞬时闭合动合触点与KM₂自锁触点串联，其作用是当KT线圈断线或发生机械卡阻故障，KT的通电延时断开的动断触点断不开，瞬动的动合触点也合不上时，可按下停止按钮SB₁进行点动能耗制动，同时避免三相定子绕组长期通入半波整流的脉动直流电源。

半波整流能耗制动控制电路一般用于10kW以下的小容量电动机，且对制动要求不高的场合。

三相半波整流能耗制动控制电路是如何工作的?

答：图2.22所示为电动机三相半波整流能耗制动控制电路。

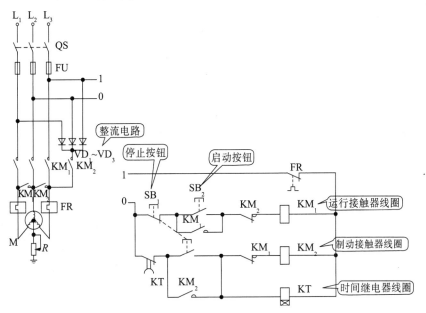

图2.22　三相半波整流能耗制动电路

按下停止按钮SB_1，当交流接触器KM_1断开电源后，接触器KM_2、时间继电器KT线圈便立即通电动作，KM_2主触点短接电动机三相绕组引出线并通入三相半波整流电源，这时电动机定子绕组接成一端接零线的并联对称电路，从而达到制动的目的。然后，KT延时断开，KM_2失电释放，制动结束。

这种制动电路适用于容量较大的星形接法的电动机能耗制动。

电磁抱闸断电制动控制电路是如何工作的?

答：制动的方法有机械制动和电力制动两种，采用比较普遍的机械制动是指电磁抱闸制动。电磁抱闸是一种机械制动装置，它主要由制动电磁铁和闸瓦制动器两部分组成。

图2.23所示为电磁抱闸断电制动控制电路，这种制动是在电源切断时才起制动作用，机械设备不工作时，制动闸处于"抱住"状态，广泛应用在电梯、起重机、卷扬机等一类升降机械上。

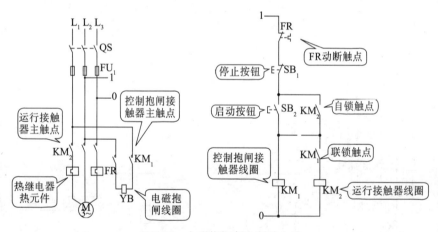

图2.23　电磁抱闸断电制动电路

按下启动按钮SB_2，接触器KM_1得电，主触点闭合，电磁抱闸的闸轮松开。同时，运行接触器KM_2也得电，KM_2的自锁触点和主触点均闭合，电动机启动运行。

当制动时，按下停止按钮SB_1，接触器KM_2失电释放，主触点断开，自锁触点解除自锁，电动机断电。同时接触器KM₁失电释放，主触点断开，连锁触点解除连锁，从而YB得电动作，使抱闸与闸轮抱紧，电动机停止运行。

松开停止按钮SB₁，电磁铁线圈YB失电释放，抱闸放松，为下一次运行做好准备。

2.3 直流电动机启动控制

直流电动机启动控制电路有哪两种类型？

答：为了减小启动电流及防止启动时对机械负载冲击过大，直流电动机通常采用降压启动方式。其降压的方法有两种：一是电枢回路串联启动电阻启动；二是降低电源电压启动。

他励直流电动机启动手动控制电路是如何工作的？

答：他励直流电动机利用三端启动器手动控制电路如图2.24所示。

合上电源开关QS后，将手柄从"0"位置扳到"1"位置，他励直流电动机开始串入全部电阻启动，此时因串入电阻最多，故能够将启动电流限制在比额定工作电流略大一些的数值上。随着转速的上升，电枢电路中反电动势逐渐加大，这时再将手柄依次扳到"2"、"3"、"4"和"5"位置上，启动电阻被逐段短接，电动机的转速不断提高。

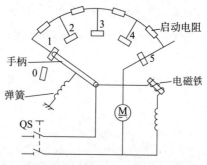

图2.24　他励直流电动机使用三端启动器工作原理图

并励直流电动机启动手动控制电路是如何工作的?

答：并励直流电动机启动手动控制电路如图2.25所示。

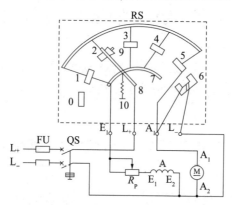

图2.25　并励直流电机手动控制电路

启动变阻器有4个接线端E_1、L_+、A_1和L_-，分别与电源、电枢绕组和励磁绕组相连。手轮8附有衔铁9和恢复弹簧10，弧形铜条7的一端直接与励磁电路接通，同时经过全部启动电阻与电枢绕组接通。在启动之前，启动变阻器的手轮置于0位，然后合上电源开关QS，慢慢转动手轮8，使手轮从0位转到静接头1，接通励磁绕组电路，同时将变阻器RS的全部启动电阻接入电枢电路，电动机开始启动旋转。随着转速的升高，手轮依次转到静接头2、3、4等位置，使启动电阻逐级切除，当手轮转到最后一个静接头5时，电磁铁6吸住手轮衔铁9，此时启动电阻逐级切除，直流电动机启动完毕，进入正常运转状态。

当电动机停止工作切断电源时，电磁铁6由于线圈断电吸力消失，在恢复弹簧10的作用下，手轮自动返回0位，以备下次启动。电磁铁6还具有失压和欠压保护作用。

由于并励电动机的励磁绕组具有很大的电感，所以当手轮回复到0位时，励磁绕组会因突然断电而产生很大的自感电动势，可能会击穿绕组的绝缘，在手轮和铜条间还会产生火花，将动触点烧坏。因此，为了防止发生这些现象，应将弧形铜条7与静接头1相连，在手轮回到0位时，励磁绕组、电枢绕组和启动电阻能组成一个闭合回路，作为励磁绕组断电时的放电回路。

启动时，为了获得较大的启动转矩，应使励磁电路中的外接电阻R_p短接，此时励磁电流最大，能产生较大的启动转矩。

 ## 串励直流电动机启动手动控制电路是如何工作的？

答:串励直流电动机启动手动控制电路如图2.26所示。

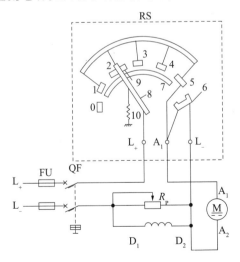

图2.26　串励直流电动机手动启动控制电路

串励直流电动机手动启动控制电路的电路原理比较简单，请读者自行分析。

他励直流电动机启动自动控制电路是如何工作的？

答（1）利用接触器构成的他励直流电动机启动控制电路如图2.27所示。

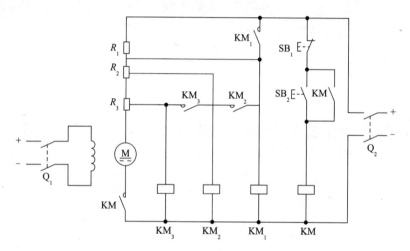

图2.27 利用接触器构成的他励直流电动机启动控制电路

其电路工作过程如下：

$$Q_1^+ \longrightarrow SB_2^\pm \longrightarrow KM_{1自}^+ \longrightarrow M^+(串R_1、R_2、R_3启动) \xrightarrow{n_2\uparrow、}$$

$$\xrightarrow{U_{KM1}\uparrow} KM_1^+ \xrightarrow{R_1 \ n_2\uparrow\uparrow、} U_{KM2}\uparrow KM_2^+ \xrightarrow{R_1 \ n_2\uparrow\uparrow\uparrow、} U_{KM3}\uparrow KM_3^+$$

$$\xrightarrow{R_3^-} M^-(全压运行)$$

（2）利用接触器和时间继电器配合他励直流电动机电枢串电阻降压启动控制电路如图2.28所示。

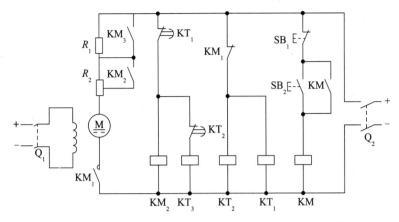

图2.28　用接触器和时间继电器配合他励直流电动机启动控制电路

其电路工作过程如下：

$$Q_2^+ \overset{}{\underset{}{\Biggl\{}} \begin{array}{l} KT_1^+ \to KM_2^-, KM_3^- \to SB_2^\pm \to KM_{1自}^+ \to ① \\ KT_2^+ \to KM_3^- \end{array}$$

$$① \left\{ \begin{array}{l} M^+(\text{串}R_1 、 R_2 \text{启动}) \\ KT_1^- \overset{\Delta t_1}{\longrightarrow} KM_2^+ \to R_2(\text{先切除}R_2) \to M_1^+ (\text{串}R_1 \text{启动}) \\ KT_2^- \overset{\Delta t_2}{\longrightarrow} KM_3^+ \to R_1^- (\text{后切除}R_1) \to M^+ (\text{全压运行}) \end{array} \right.$$

其中，$\Delta t_1 < \Delta t_2$，即KT_1整定时间短，其触点先动作；KT_2整定时间长，其触点后动作。

图2.27所示控制电路和图2.28所示控制电路比较，前者不受电网电压波动的影响，工作可靠性较高，而且适用于较大功率直流电动机的控制；后者线路简单，所使用元器件的数量少。

并励直流电动机启动自动控制电路是如何工作的?

答：并励直流电动机启动自动控制电路如图2.29所示。

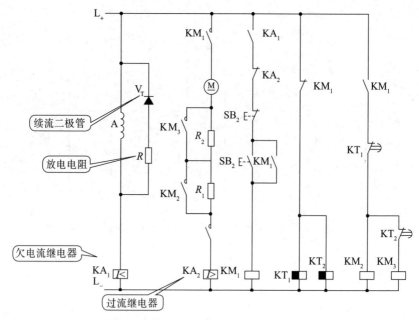

图2.29 并励直流电动机启动自动控制电路

接通电源，励磁绕组A得电，同时断电延时时间继电器KT_1、KT_2线圈得电并带动其动断触点瞬时断开接触器KM_2、KM_3的线圈回路，确保电阻R_1、R_2全部串入电枢回路，为电动机启动做好准备。

启动时：

$SB_1^+ \longrightarrow KM_1^+ \longrightarrow$ 串联R_1、R_2启动

KT_1、KT_2延时：KT_1闭合 $\overset{\triangle t}{\longrightarrow} KM_2^+ \longrightarrow$ 短接电阻$R_1 \longrightarrow M^+$（串接R_2继续启动）。

KT_2闭合 $\overset{\triangle t}{\longrightarrow} KM_3^+ \longrightarrow$ 短接电阻$R_2 \longrightarrow M^+$（启动结束，全压运转）

停止时，按下SB_2即可。

为避免过电压损坏直流电动机，在励磁电路中接有放电电阻R，其阻值一般为励磁绕组阻值的5~8倍。

2.4 直流电动机制动控制

直流电动机制动控制电路有哪些类型？

答：直流电动机的制动与三相异步电动机的制动相似，其制动方法也有机械制动和电力制动两大类。由于电力制动具有制动力矩大、操作方便、无噪声等优点，所以，在直流电力拖动中应用较广。

并励直流电动机单向启动能耗制动控制电路是如何工作的？

答：并励直流电动机单向启动能耗制动控制电路如图2.30所示。

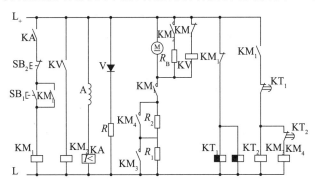

图2.30　并励直流电动机单向启动能耗制动控制电路

该电路中电动机启动原理可参照并励直流电动机串电阻二级启动电路的工作原理。能耗制动的原理如下：

$$SB_2^- \longrightarrow KM_1^- \longrightarrow KM_3^-、KM_4^- \longrightarrow 电枢断电 \longrightarrow KM_1 解除自$$

锁 $\longrightarrow KT_1^+、KT_2^+ \xrightarrow{\triangle t} KV^+ \longrightarrow KM_2^+ \longrightarrow R_B$ 接入电枢回路进行能耗

制动 $\triangle\ell$ KV⁻ ——→ KM₂⁻ ——→ 能耗制动完成

制动 $\triangle\ell$ KV⁻ ——→ KM₂⁻ ——→ 能耗制动完成

他励直流电动机单向启动能耗制动控制电路是如何工作的？

答：他励直流电动机单向启动能耗制动控制电路如图2.31所示。

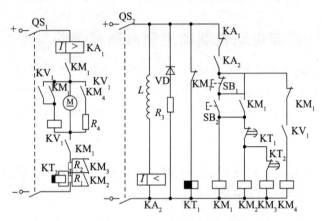

图2.31 他励直流电动机能耗制动控制电路

（1）启动过程（按下启动按钮SB₂）。合上电源开关QS₁，QS₂，KA₂常开触点闭合，KT₁常闭触点瞬时断开，电动机启动，其启动原理与他励电动机电枢绕组串电阻启动相似。不同之处是时间继电器KT₂的位置不同。当KM₁主触点闭合时，KT₂线圈得电，KT₂常闭触点瞬时断开；当KT₂主触点闭合时，KT₂线圈失电，KM₂常闭触点延时闭合，电动机启动结束进入，额定运行状态。

电动机额定运行时，KV₁电压继电器线圈得电，KV₁联锁触点断开，KM₄线圈等待得电，为能耗制动做准备。

（2）能耗制动过程。按下停止按钮SB₁，断开电源开关QS₁，接触器KM₁，KM₂，KM₃线圈断电释放。

KM₁主触点断开→电动机靠惯性运行

KM₁互锁触点闭合→KM₄线圈得电→KM₄主触点闭合→电动机得电运行→能耗制动→电动机停转→KV线圈断电释放

最后断开电源开关QS$_2$，励磁绕组放电，全部工作结束。

这种制动方法不仅需要专用直流电源，而且励磁电路消耗的功率较大，所以经济性较差。

并励直流电动机反接制动控制电路是如何工作的？

答：并励直流电动机反接制动控制电路如图2.32所示。

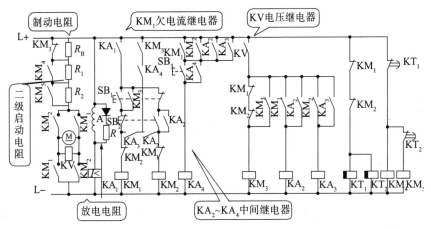

图2.32　并励直流电动机反接制动控制电路

反接制动准备过程:在电动机刚启动时，由于电枢中的反电动势为零，电压继电器KV不动作，接触器KM$_3$和中间继电器KA$_2$、KA$_3$均处于失电状态；随着电动机转速升高，反电动势建立后，电压继电器KV得电动作，其动合触点闭合，接触器KM$_3$得电，KM$_3$动合触点均闭合，为反接制动做好准备。

反接制动过程为：

SB$_3^-$ $\longrightarrow$ KA$_4^+$ $\longrightarrow$ KM$_1^-$ $\longrightarrow$ M$^-$（停止正转）

KM$_1$连锁触点闭合 $\longrightarrow$ KM$_2^+$

KM$_1$动合触点复位 $\longrightarrow$ KM$_3^+$、KT$_1^+$、KT$_2^+$ $\longrightarrow$ M串入R_B $\longrightarrow$ 反接制动开始 $\longrightarrow$ KV$^-$ $\longrightarrow$ KM$_3^-$、KA$_2^-$ $\longrightarrow$ 反接制动完成

并励直流电动机的反接制动是通过把正在运行的电动机的电枢绕组突然反接来实现的。因此，在突然反接的瞬间会在电枢绕组中产生很大的反向电流，易使换向器和电刷产生强烈火花而损伤。故必须在电枢回路中串入附加电阻来限制电枢电流，附加电阻的大小可取近似等于电枢的电阻值。

当电动机转速等于零时，应及时准确可靠地断开电枢回路的电源，以防止电动机反转。

 ## 他励直流电动机反接制动控制电路是如何工作的?

答：他励直流电动机反接制动控制电路如图2.33所示。

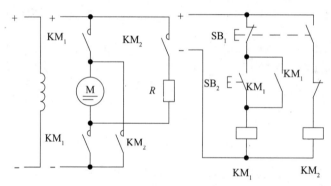

图2.33　他励直流电动机反接制动控制电路

按下启动按钮SB_2，接触器KM_1线圈得电，其自锁和互锁触点动作，分别对KM_1线圈实现自锁、对接触器KM_2线圈实现互锁。电枢电路中的KM_1主触点闭合，电动机电枢接入电源，电动机运转。

按下停止按钮SB_1，其动断触点先断开，使接触器KM_1线圈断电，解除KM_1的自锁和互锁，主回路中的KM_1主触点断开，电动机电枢靠惯性旋转。SB_1的动合触点后闭合，接触器KM_2线圈得电，电枢电路中的KM_2主触点闭合，电枢接入反方向电源，串入电阻进行反接制动。

串励直流电动机反接制动控制电路是如何工作的？

答： 串励直流电动机反接制动控制电路如图2.34所示。

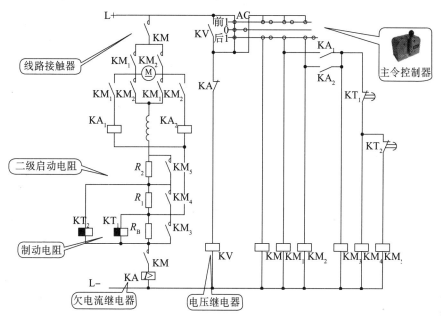

图2.34　串励直流电动机反接制动电路

准备启动时，主令控制器AC手柄置于"0"位置。接通电源，电压继电器KV得电，KV动合触点闭合自锁。

电动机正转时，主令控制器AC手柄置于"前1"位置。

需要电动机反转时，将主令控制器AC手柄由正转位置（前1）向后扳向反转位置（后1）。其工作过程如下：

KM_1^-、KA_1^- —— M在惯性作用下仍沿正转方向转动 —— 电枢电源使KM^+、KM_2^+ —— M^+（反接制动状态）—— KA_2动合触点分断 —— KM_3^-、KM_4^-、KM_5^- —— KM_3、KM_4、KM_5动合触点分断 —— R_B、R_1、R_2接入电枢电路 —— KA_2^+ —— KM_3^+、KM_4^+、KM_5^+ —— R_B、R_1、R_2依次被短接 —— M^+（反转启动运行）

需要电动机停止运转时，把主令控制器AC手柄置于"0"位置。

第 3 章
电动机运行
控制电路及应用

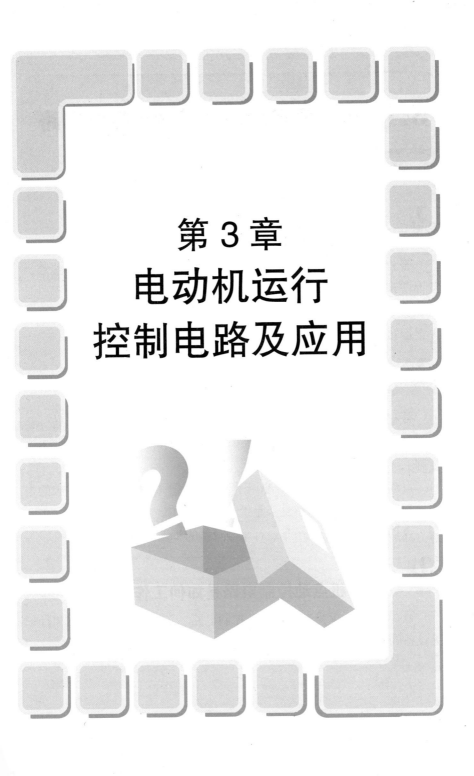

3.1 电动机点动与连续运行控制电路

什么是电动机点动控制？

答：电动机点动控制是指通过一个按钮开关控制接触器的线圈，从而实现用弱电来控制强电的功能。按下按钮后，接触器线圈得电且触点吸合，电动机得电运行；松开按钮后，接触器失电，电动机也停止运转。

电动机点动控制有何用途？

答：电动机点动控制用于短时间内需要电动机运转，但运转一会儿就需要停止的设备，例如，机床、吊车、行车等设备的步进或步退控制。

点动控制在小机床上主要用于调节距离，例如，车床、铇床的走刀控制，钻床上用于观察钻头是否装设等。

点动控制也常用于吊车、行车等设备的步进或步退控制。

电动机点动控制电路是如何工作的？

答：图3.1所示为电动机点动控制电路。该电路适合于机床和行车等设备的步进或步退控制。

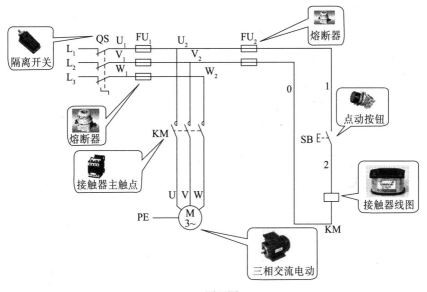

(a) 原理图

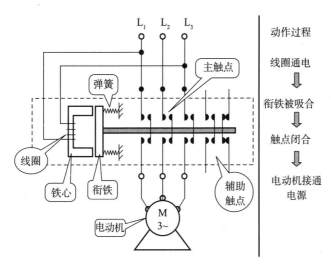

(b) 接触器的结构及动作过程

图3.1 电动机点动控制电路原理图

合上隔离开关QS后，因没有按下点动按钮SB，接触器KM线圈没有得电，KM的主触点断开，电动机M不得电，所以没有启动。

按下点动按钮SB后，控制回路中接触器KM线圈得电，使衔铁吸合，带动接触器KM的三对主触点（动合触点）闭合，电动机得电运行，如图3.2所示。

即按下SB₁→KM线圈得电→KM主触点闭合→M运转

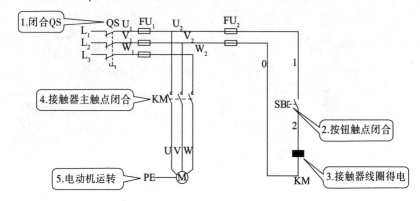

图3.2 按下SB后电动机运行过程

需要停转时，只要松开按钮SB，按钮在复位弹簧的作用下自动复位，控制回路断开KM线圈的供电，衔铁释放，带动主回路中KM的三对触点恢复原来的断开状态，电动机停止转动。

即松开SB₁→KM线圈失电→KM主触点恢复（断开）→M停转

电动机点动控制电路有何特点？

答：（1）用一只按钮开关控制交流接触器线圈的供电，按下按钮开关电动机就运转，松开按钮开关电动机就停止运转。

（2）点动控制不需要交流接触器的自锁。

（3）点动控制电路可以不安装热继电器，因为电动机工作时间比较短。

什么是电动机长动控制？

答：电动机长动控制就是在按下按钮后,接触器线圈得电，主触点吸合，接触器的辅助触点也同时吸合，即使松开按钮，接触器的线圈仍因辅助触点接通始终处于吸合状态而得电，只有按下停止按钮后触点才会断开，使电动机停止运转。

 电动机长动控制电路有何用途？

答：电动机长动控制电路的功能是控制电动机长时间连续工作。长动控制用于电动机需要长时间得电运转的设备，绝大多数机电设备的工作都需要设置电动机长动控制电路。

 电动机长动控制电路是如何工作的？

答：图3.3所示为利用接触器本身的动合触点自锁来保证电动机长动控制的电路。该电路是在点动控制电路的基础上，增加了停止按钮SB_1和KM的自锁触点。

在该电路中，如果不安装热继电器FR，就成为接触器自锁控制长动电路；如果增加了热继电器FR，就成为具有过载保护的接触器自锁控制长动电路。

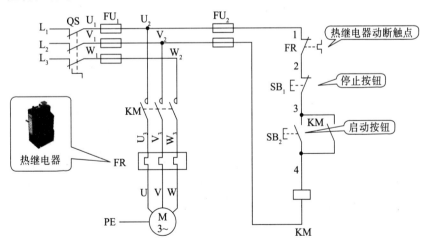

图3.3　电动机长动控制电路原理图

下面介绍电路的工作过程：

（1）闭合电源开关QS，接通总电源。

（2）启动控制过程。当按下启动按钮SB$_2$后，交流接触器KM线圈得电吸合，其动合触点闭合后进行自锁，为电动机M提供三相交流电，使其得电运转，如图3.4所示。

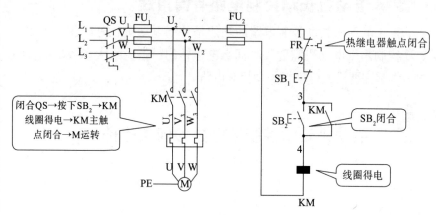

(a) 原理图

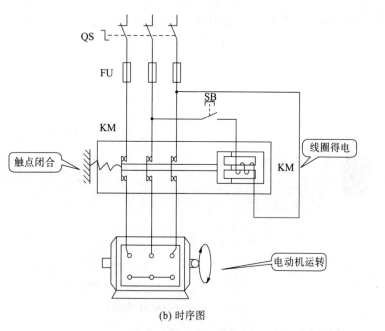

(b) 时序图

图3.4　按下按钮SB$_2$时电动机运转

　　第 3 章　电动机运行控制电路及应用

由于接触器KM触点的自锁作用，当松开按钮SB$_2$以后，控制回路仍保持接通状态，电动机M仍继续保持运转状态，如图3.5所示。所以，我们把这个电路称为电动机长动控制电路。

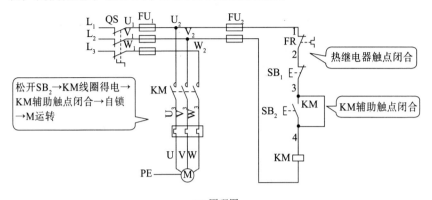

(a) 原理图

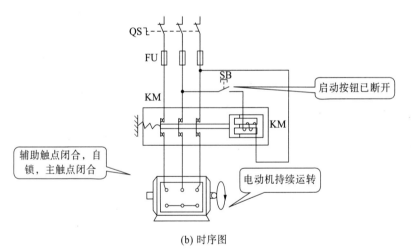

(b) 时序图

图3.5 松开按钮SB$_2$后电动机继续运转

（3）停止控制过程。当需要停机时，按下停止按钮接触器SB$_1$，接触器KM线圈断电释放，KM主触点断开，KM辅助触点恢复（失去自锁），电动机因为失去供电停止运转，如图3.6所示。

即按下SB$_1$ —— KM线圈失电 —— KM主触点恢复 —— M停转

└ KM辅助触点恢复 → 失去自锁

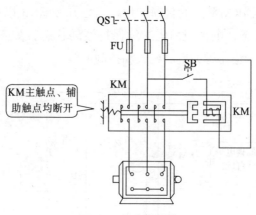

图3.6　电动机停转

 电动机长动控制电路中有哪些保护功能？

答：有接触器自锁的控制电路，具有对电动机失压保护、欠压保护和过载保护的功能。

（1）失压保护。失压保护也称为零压保护。在具有自锁的控制电路中，一旦发生断电（例如，熔断器熔断），自锁触点就会断开，接触器KM线圈就会断电，不重新按下启动按钮SB_1，电动机将无法自动启动。

（2）欠压保护。在具有接触器自锁的控制电路中，控制电路接通后，若电源电压下降到一定值（一般降低到额定值的85%以下）时，会因接触器线圈产生的磁通减弱，电磁吸力减弱，动铁心在反作用弹簧作用下释放，自锁触点断开，而失去自锁作用，同时主触点断开，电动机停转，达到欠压保护的目的。

（3）过载保护。为确保电动机安全运行，在图3.3所示电路中还可以串入热继电器FR，其作用是作为过载保护元件。当电动机过载时，过载电流将使热继电器中的双金属片弯曲动作，使串联在控制电路中的动断触点断开，从而切断接触器KM线圈回路，KM主触点断开，电动机脱离电源停止运转。

采用热继电器作为过载保护元件时，将动断触点串联在电动机的控制回路中，发热元件串联在电动机的主回路中。当电动机过载时，热继电器的动断触点打开，从而断开电动机的主回路，如图3.7所示。

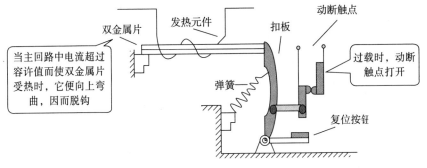

图3.7　热继电器动作原理

复合按钮控制的电动机长动和点动控制电路是如何工作的？

答：有的生产机械除了需要正常的连续运行即长动外，进行调整工作时还需要进行点动控制，这就要求控制电路既能实现长动还能实现点动，图3.8所示是利用复合按钮控制电动机长动和点动的电路。图中，SB_1为停止按钮，SB_2为长动按钮，SB_3为点动按钮（内部有动合触点、动断触点各一对）。

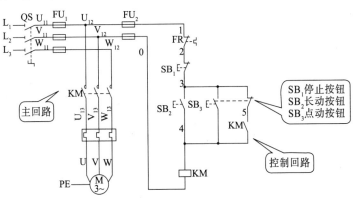

图3.8　复合按钮控制的电动机长动和点动控制电路

下面介绍电路的工作过程：

（1）先闭合电源开关QS，接通电源。

（2）点动控制工作过程。当需要点动控制电动机运转时，按下点动按钮SB₃，闭合未到位时，按钮的动合触点及动断触点均处于断开状态，按钮和自锁回路均断开，如图3.9（a）所示；当按下按钮SB₃闭合到位时，按钮的动断触点先断开，切断自锁回路，按钮的动合触点闭合导通，接触器线圈得电，实现电动机的点动控制，如图3.9（b）所示。

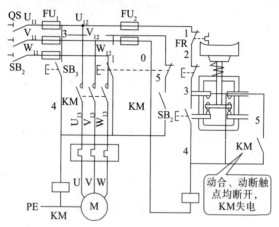

(a) 按钮SB₃闭合未到位

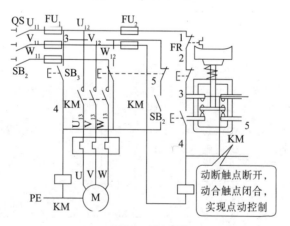

(b)按钮SB₃闭合到位

图3.9　按钮SB₃闭合情况分析与点动控制

第3章　电动机运行控制电路及应用

点动控制的工作原理如图3.10所示，其工作过程归纳为：

按下SB$_3$→KM线圈得电→KM触点闭合→M点动运转

松开SB$_3$→KM线圈失电→KM触点恢复→M停止运转

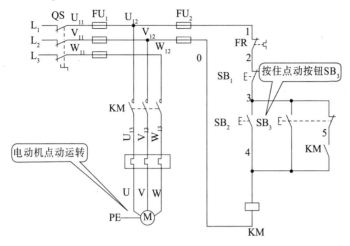

图3.10 点动控制的工作原理图

（3）长动控制。当需要长动控制时，按下长动按钮SB$_2$，复合按钮SB$_3$的动断触点接通自锁回路，电动机得电运转；松开SB$_2$，电动机仍然继续运转，实现对电动机的长动控制，如图3.11所示。

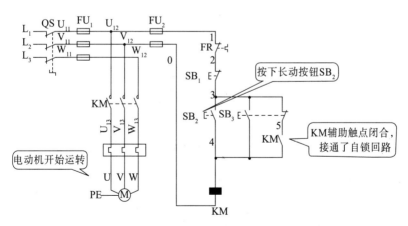

(a) 按下长动按钮SB$_2$时

图3.11 长动控制的工作原理图

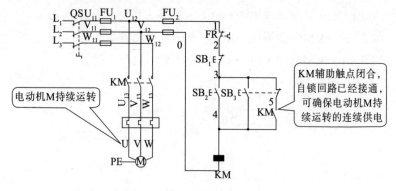

电动机M持续运转

KM辅助触点闭合，自锁回路已经接通，可确保电动机M持续运转的连续供电

(b) 松开长动按钮SB₂后

续图3.11

需要电动机停止运转时，按下SB₁即可。

上述工作过程可归纳为：

按下SB₁→KM线圈得电→KM触点闭合→M长动运转

按下SB₂→KM线圈失电→KM触点恢复→M停止运转

中间继电器控制的电动机长动和点动电路是如何工作的？

答：中间继电器控制的电动机长动和点动电路如图3.12所示。该电路与图3.8所示复合按钮控制的电动机长动和点动控制电路的区别是，用中间继电器KA代替了复合按钮。这里，中间继电器 KA的功能是实现自锁，从而实现电动机长动运转。

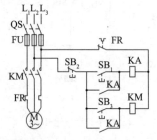

图3.12　中间继电器控制的电动机长动和点动电路原理图

该电路的工作过程为：

按SB$_1$→KA线圈得电→KA触点闭合→自锁
　　　↳ KM线圈得电→KM触点闭合→M长动运转

按SB$_2$→KM线圈失电→KM触点恢复→M停转

按SB$_3$→KM线圈得电→KM触点闭合→M点动运转

利用开关控制的电动机长动和点动控制电路是如何工作的？

答：图3.13所示是利用开关SA控制的既能长动又能点动的电动机控制电路。图中，SA为选择开关，当SA断开时，按钮SB$_2$为点动操作按钮；当SA闭合时，按钮SB$_2$为长动操作按钮；SB$_1$为停止按钮。

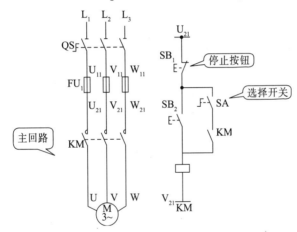

图3.13　利用开关控制的电动机长动和点动控制电路

下面简要分析电路的工作过程。

（1）点动控制（SA断开）。在SA处于断开位置时，按下按钮SB$_2$，接触器KM线圈得电，接触器KM主触点闭合，电动机得电点动运行。

（2）长动控制（SA闭合）。在SA处于闭合接通的位置时，按下按钮SB$_2$，接触器KM线圈得电，接触器KM辅助触点闭合自锁，电动机得电长动运行。

需要停止时，按下按钮SB$_1$，由于接触器KM线圈失电，KM的辅助触点和主触点恢复至断开位置，电动机失电后停止运转。

3.2　电动机正反转运行控制电路

 电动机接触器互锁正反转控制电路是如何工作的?

答：图3.14所示为接触器互锁正反转控制电路。KM$_1$为正转接触器，KM$_2$为反转接触器。这两个接触器的主触点所接通的电源相序不同，KM$_1$按L$_1$、L$_2$、L$_3$相序接线，KM$_2$则对调了其中两相的相序。控制回路有两条，一条是由按钮SB$_2$和KM$_1$线圈等组成的正转控制电路；另一条是由按钮SB$_3$和KM$_2$线圈等组成的反转控制电路。SB$_1$为停止按钮，SB$_2$正转控制按钮，SB$_3$反转控制按钮。

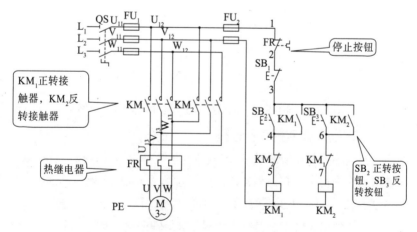

图3.14　接触器互锁正反转控制电路原理图

（1）正转控制。当按下正转启动按钮SB₂后，电源通过热继电器FR的动断触点、停止按钮SB₁的动断触点、正转启动按钮SB₂的动合触点、反转交流接触器KM₂的动断辅助触点、正转交流接触器线圈KM₁，使正转交流接触器KM₁带电而动作，其主触点闭合使电动机正向运转，并通过接触器KM₁的动合辅助触点自保持运行。

在正转控制过程中，有以下几个很关键的控制步骤值得读者注意。

● 按下按钮SB₂，控制回路闭合，KM₁线圈得电，如图3.15（a）所示。

● KM₁主触点闭合，主回路接通，电动机正向启动，如图3.15（b）所示。

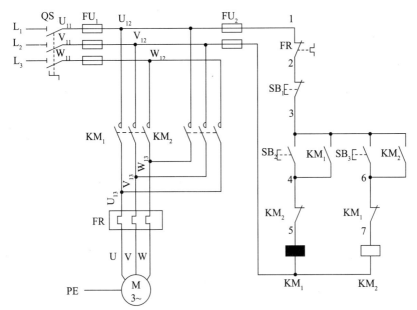

(a) KM₁线圈得电

图3.15　正转控制工作流程

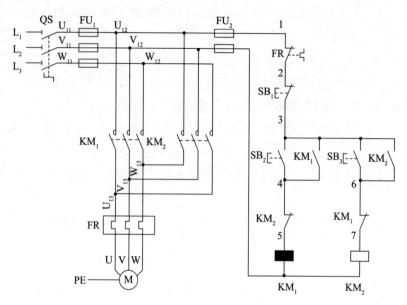

(b) 电动机正向启动

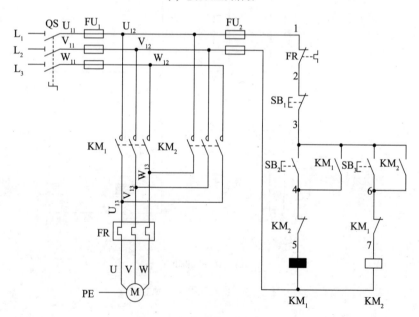

(c) KM₁自锁

续图3.15

第 3 章　电动机运行控制电路及应用

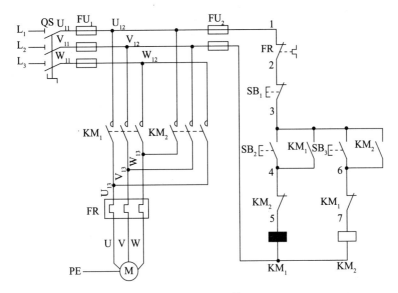

(d) KM₁和KM₂互锁

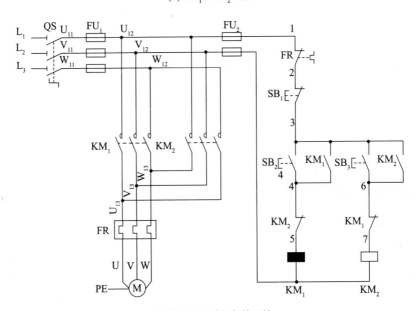

(e) 松开SB₂电动机保持正转

续图3.15

- KM$_1$辅助动合触点闭合，正转回路自锁，如图3.15（c）所示。
- KM$_1$辅助动断触点断开，对KM$_2$互锁，如图3.15（d）所示。
- 松开按钮SB$_2$，电动机保持正转，如图3.15（e）所示。
- 按下按钮SB$_1$，电路失电，电动机停止运停转。

（2）反转控制。反转启动过程与上述相似，只是接触器KM$_2$动作后，调换了两根电源线U、W相（即改变电源相序），从而达到反转的效果。

电动机反转控制的工作流程如下：

- 按下反转按钮SB$_3$，控制回路闭合，反转交流接触器KM$_2$线圈得电，如图3.16（a）所示。
- KM$_2$主触点闭合，主回路接通，电动机反向启动，如图3.16（b）所示。
- KM$_2$辅助动合触点闭合，反转回路自锁，如图3.16（c）所示。
- KM$_2$辅助动断触点断开，对KM$_1$互锁，如图3.16（d）所示
- 松开按钮SB$_3$，电动机保持反转，如图3.16（e）所示。
- 按下按钮SB$_1$，电路失电，电动机停止运转。

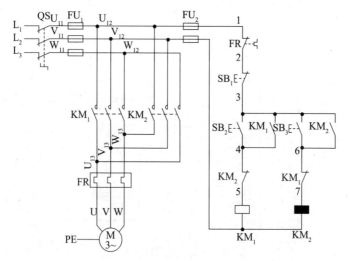

(a) KM$_2$线圈得电

图3.16 反转控制工作流程

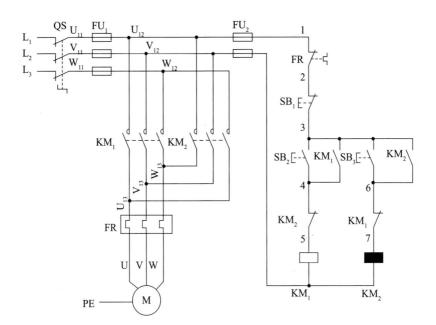

(b) KM$_2$反向启动

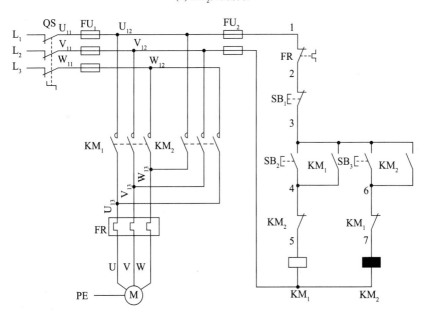

(c) KM$_2$反转自锁

续图3.16

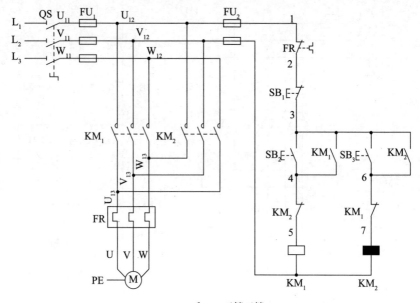

(d) KM₂和KM₁互锁互锁

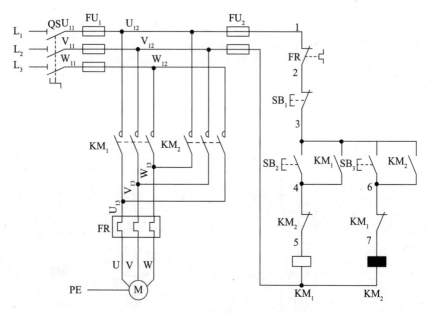

(e) 松开SB₃保持反转

续图3.16

第3章 电动机运行控制电路及应用

电动机接触器互锁正反转控制电路有何优缺点？

答：接触器互锁正反转控制电路的优点是工作安全可靠，缺点是操作不便。

因为电动机从正转变为反转时，必须先按下停止按钮后，才能按下反转的控制按钮，否则由于接触器内部装置的联锁作用，不能实现反转。也就是说，正转接触器KM_1和反转接触器KM_2的主触点决不允许同时闭合，否则会造成两相电源短路事故。

什么是自锁？什么是互锁？

答：（1）自锁就是在接触器线圈得电后，利用自身的动合辅助触点保持回路的接通状态。通常是把动合辅助触点与启动的电动开关并联，这样，当按下启动按钮，接触器动作，辅助触点闭合并保持，此时再松开启动按钮，接触器也不会失电断开。一般来说，除了将启动按钮和辅助按钮并联之外，还要串联一个停止按钮。点动开关作为启动用时选择动合触点，作为停止用时选择动断触点。

（2）互锁就是两个接触器之间利用自己的辅助触点去控制对方的线圈回路，进行状态保持。原理和自锁控制基本一样。互锁可分为电气互锁和机械互锁。

例如，在图3.14所示的电动机正反转控制电路中，正、反转接触器KM_1和KM_2线圈支路都分别串联了对方的动断触点，任何一个接触器接通的条件是另一个接触器必须处于断电释放的状态。两个接触器之间的这种相互关系称为电气互锁。

电气互锁的原理是什么？

答：为了保证一个接触器得电动作时，另一个接触器不能得电动作，以避免电源的相间短路，就在正转控制回路中串接了反转接触器KM_2的动断辅助触点，同时在反转控制回路中串接了正转接触器KM_1

的动断辅助触点。当接触器KM₁得电动作时，串在反转控制回路中的KM₁的动断触点断开，切断了反转控制回路，保证了KM₁主触点闭合时，KM₂的主触点不能闭合。

同样，当接触器KM₂得电动作时，KM₂的动断触点断开，切断了正转控制回路，可靠地避免了两相电源短路事故的发生。这种在一个接触器得电动作时，通过其动断辅助触点使另一个接触器不能得电动作的作用叫互锁。我们把实现互锁作用的动断触点称为互锁触点。

 ## 按钮互锁正反转控制电路是如何工作的？

答： 图3.17所示为按钮互锁正反转控制电路。

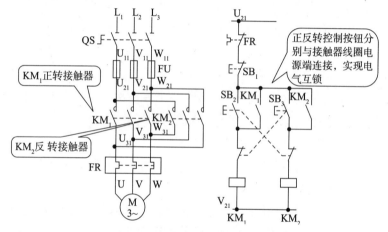

图3.17　按钮互锁正反转控制电路原理图

SB₂为正转按钮开关，SB₃为反转按钮开关，SB₁为停止按钮开关。KM₁、KM₂分别是正、反转控制交流接触器，各有4组动合触点，一组用于自锁，另外3组用于电动机的正、反转控制。

SB₂的动合触点控制正转交流接触器KM₁线圈电源接通，动断触点控制KM₂线圈断电；SB₃的动合触点控制反转交流接触器KM₂线圈电源接通，动断触点控制KM₁线圈断电。

该电路的工作原理与接触器互锁正反转控制电路的工作原理基本相同。其控制过程如下：

正转:$SB_2^{\pm}$ →KM_2^-(互锁)

→$KM_{1自}^+$ → M^+(正转)

反转:$SB_3^{\pm}$ →KM_1^-(互锁) —— M^-(停车)

→$KM_{2自}^+$ → M^+(反转)

按钮互锁正反转控制电路有何优缺点？

答：（1）按钮互锁正反转控制电路的优点是操作方便。

（2）按钮互锁正反转控制电路的缺点是容易产生电源两相短路故障。例如，正转接触器KM_1发生主触点熔焊或机械卡阻等故障时，即使接触器线圈失电，主触点也分断不开，若直接按下反转按钮，KM_2得电动作主触点闭合，则会造成L_1、L_3两相短路故障。所以该线路存在一定的安全隐患，还需要改进。

什么是机械互锁？

答：在电路中将两个复合按钮的动断触点分别接入对方线圈支路中，这样只要按下按钮，就自然切断了对方线圈支路，从而实现互锁。这种互锁是利用按钮这样的纯机械方法来实现的，为了与接触器触点的互锁（电气互锁）进行区别，我们把它称为机械互锁。

例如，图3.17所示控制电路中使用的复合按钮SB_2、SB_3，就具有机械互锁的功能。在该电路中，如果接触器KM_1、KM_2的主触点出现粘连故障，此时按下反转按钮SB_3，会发生短路故障。

双重互锁正反转控制电路是如何工作的？

答：为克服接触器互锁正反转控制电路和按钮连锁正反转控制电路的不足，在按钮互锁的基础上，又增加了接触器互锁，构成了按钮、接触器双重互锁正反转控制电路，也称为防止相间短路的正反转控制电路。该线路兼有两种互锁控制电路的优点，操作方便，工作安全可靠。

图3.18所示为按钮、接触器双重互锁正反转控制电路，由于这种电路结构完善，所以常将它们用金属外壳封装起来，制成成品直接供给用户使用，其名称为可逆磁力启动器，所谓可逆是指它可以控制电动机正反转。

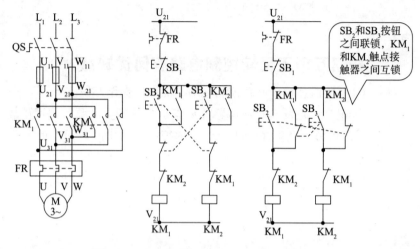

图3.18 按钮、接触器双重互锁正反转控制电路

主回路中，开关QS用于接通和隔离电源，熔断器对主回路进行保护，交流接触器主触点控制电动机的启动运行和停止，使用两个交流接触器KM_1、KM_2来改变电动机的电源相序。当通电时，KM_1使电动机正转；而KM_2通电时，使电源L_1、L_3对调接入电动机定子绕组，实现反转控制。由于电动机是长期运行，热继电器FR作过载保护，FR的动断辅助触点串联在线圈回路中。

控制回路中，正反转启动按钮SB_2、SB_3都是具有动合、动断两对触点的复合按钮，SB_2动合触点与KM_1的一个动合辅助触点并联，SB_3动合触点与KM_2的一个动合辅助触点并联，动合辅助触点称为"自保"触点，而触点上、下端子的连接线称为"自保线"。由于启动后SB_2、SB_3失去控制，动断按钮SB_1串联在控制回路的主回路，用作停机控制。SB_2、SB_3的动断触点和KM_1、KM_2的各一个动断辅助触点都串联在相反转向的接触器线圈回路中，当操作任意一个启动按钮时，SB_2、SB_3动断触点先分断，使相反转向的接触器断电释放，同时确保KM_1

（或KM₂）要动作时KM₂（或KM₁）必须确实复位，从而可防止两个接触器同时动作造成相间短路。每个按钮上起这种作用的触点叫做"连锁"触点，而两端的接线叫做"连锁线"。当操作任意一个按钮时，其动断触点先断开，而接触器通电动作时，先分断动断辅助触点，使相反方向的接触器断电释放，起到了双重互锁的作用。

按钮、接触器双重互锁正反转控制电路是正反转电路中最复杂的一个电路，也是最完美的一个电路。在按钮、接触器双重互锁正反转控制电路中，既用到了按钮之间的连锁，同时又用到了接触器触点之间的互锁，从而保证了电路的安全。

在正反转控制电路中如果没有接触器互锁电路将会怎样？

答：在电动机正反转控制电路中，如果没有互锁电路或者互锁电路出现故障，正转用接触器的主触点和反转用接触器的主触点同时闭合时，将会怎样呢？请看图3.19所示电路中三相电源的R相和T相，R相和T相线之间成为完全短路状态，有很大的短路电流流过会产生烧损事故。因此，两个接触器的主触点F-MC和R-MC决不可同时闭合，必须互锁。

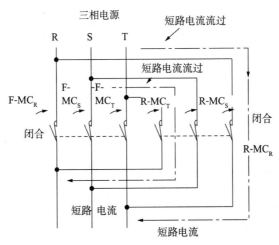

图3.19　没有接触器互锁电路形成短路电流示意图

3.3 限定条件控制

什么是限位控制？

答：例如，电梯行驶到一定位置要停下来，起重机将重物提升到一定高度要停止上升，停的位置必须在一定范围内，否则可能造成危险事故；还有些生产机械，如高炉的加料设备、龙门刨床等需自动往返运行。电动机的停可以通过控制电路中的停止按钮来控制，这属于手动控制；也可用位置开关（也称为行程开关）控制电动机在规定位置停，这属于自动控制，即限位控制可分为自动控制和手动控制两大类。

位置开关是一种将机械信号转换为电气信号，以控制运动部件位置或行程的自动控制器件，如图3.20所示。而限位控制就是利用生产机械运动部件上的挡铁与位置开关碰撞，压下位置开关触点，使其触点状态发生变化，来接通或断开电路，以实现对生产机械运动部件的位置或行程的自动控制。

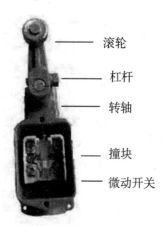

滚轮

杠杆

转轴

撞块

微动开关

图3.20 位置开关

手动控制的电动机正反转限位控制电路是如何工作的?

答:图3.21所示为手动控制的电动机正反转限位控制电路,工厂车间的行车常采用这种电路。行车的两个终点处各安装一个位置开关SQ_1和SQ_2,将这两个位置开关的动断触点分别串接在正转控制回路和反转控制回路中。行车前后装有挡铁,行车的行程和位置可通过移动位置开关的安装位置来调节。该电路采用了两只接触器KM_1、KM_2。SB_1为停止按钮,SB_2为正转按钮,SB_3为反转按钮。

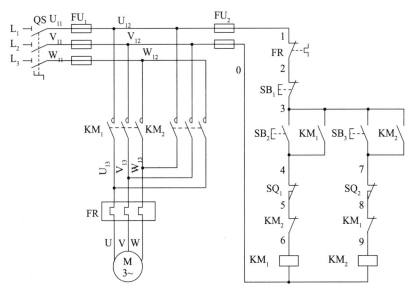

图3.21 手动控制的电动机正反转限位控制电路

按下正转按钮SB_2,接触器KM_1线圈得电,电动机正转,运动部件向前或向上运动。当运动部件运动到预定位置时,装在运动部件上的挡块碰压位置开关SQ_1、SQ_2(或接近开关接收到信号),使其动断触点SQ_1断开,接触器KM_1线圈失电,电动机断电停止运转。这时再按正转按钮已没有作用。若按下反转按钮SB_3,则接触器KM_2得电,电动机反转,运动部件向后或向下运动,直到挡块碰压行程开关或接近开关接收到信号，使其动断触点SQ$_2$断开，电动机停转。若要在运动途中停车，应按下停车按钮SB$_1$。

下面介绍电动机正转的工作过程：

（1）闭合开关QS，接通电源。

（2）按下正转按钮SB$_2$，接触器KM$_1$线圈得电，如图3.22（a）所示。

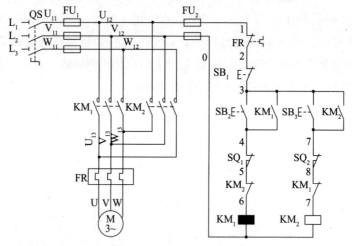

(a) KM$_1$线圈得电

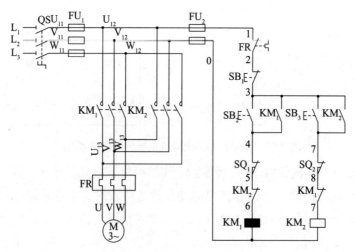

(b) 电动机正向启动

图3.22　电动机正转工作流程

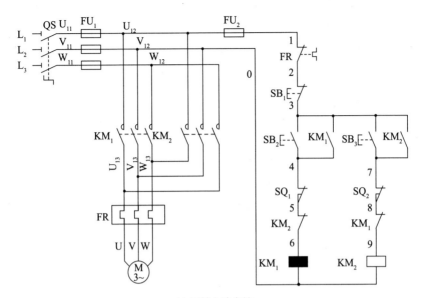

(c) 正转电路自锁

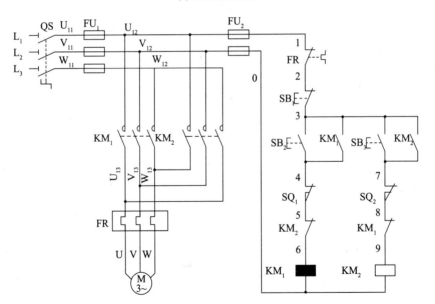

(d) KM₁对KM₂互锁

续图3.22

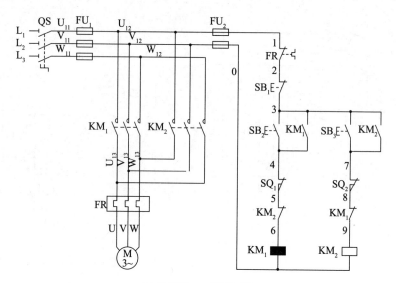

(e) 松开SB₂，M保持正转

续图3.22

（3）KM₁主触点闭合，主回路接通，电动机正向启动，运动部件向前或向上运动，如图3.22（b）所示。

（4）KM₁辅助动合触点闭合，正转电路自锁，如图3.22（c）所示。

（5）KM₁辅助动断触点断开，对KM₂互锁，如图3.22（d）所示。

（6）松开按钮SB₂，电动机保持正向运转，如图3.22（e）所示。

（7）当运动机构碰触位置开关SQ₁，电路失电，电动机停转。

（8）按下按钮SB₁，电路失电，电动机停止运转。

下面介绍电动机反转的工作过程：

（1）按下反转按钮SB₃，控制回路闭合，接触器KM₁线圈得电，如图3.23（a）所示。

（2）接触器KM₂主触点闭合，主回路接通，电动机反向启动，运动部件向后或向下运动，如图3.23（b）所示。

（3）KM₂辅助动合触点闭合，反转电路自锁，如图3.23（c）所示。

（4）KM₂辅助动断触点断开，对KM₁互锁，如图3.23（d）所示。

（5）松开按钮SB₃，电动机保持反向运转，如图3.23（e）所示。

（6）当运动机构碰触位置开关SQ₂，电路失电，电动机停止运转。

（7）按下按钮SB₁，电路失电，电动机停止运转。

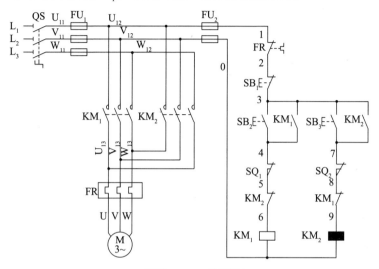

(a) 按下SB₃，KM₁线圈得电

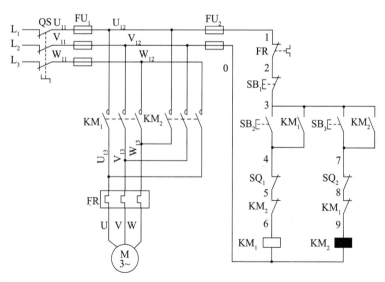

(b) 电动机反向启动

图3.23　电动机反转工作流程

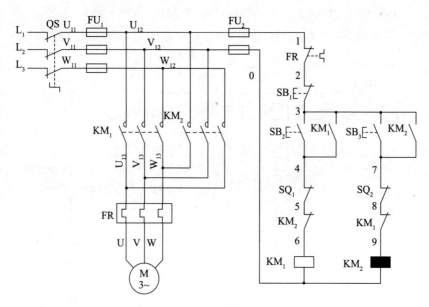

(c) 自锁

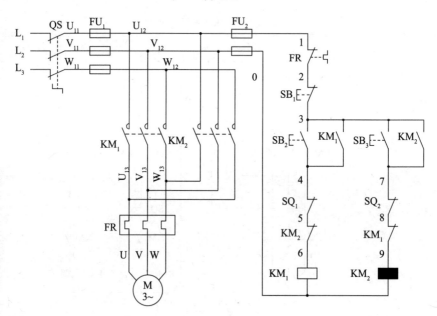

(d) KM₂对KM₁互锁

续图3.23

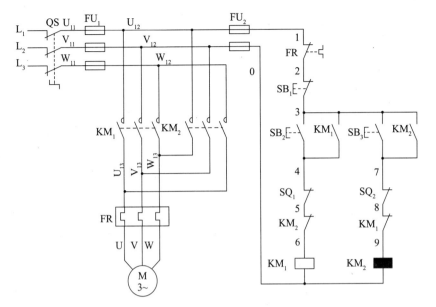

(e) 松开SB$_3$, M保持反转

续图3.23

自动往返控制的电动机正反转限位电路是如何工作的?

答:如果将图3.21所示的手动控制电动机正反转限位电路中的行程开关采用4个具有动合、动断触点的位置开关(或接近开关)SQ$_1$、SQ$_2$、SQ$_3$、SQ$_4$代替,则成为自动往返控制的电动机正反转限位电路,如图3.24所示。其中,SQ$_1$、SQ$_2$被用来自动换接电动机正反转控制电路,实现工作台的自动往返行程控制;SQ$_3$、SQ$_4$被用来作终端保护,以防止SQ$_1$、SQ$_2$失灵,工作台越过极限位置而造成事故。图3.24中的SB$_1$、SB$_2$为正转启动按钮和反转启动按钮,如果启动时工作台在右端,则按下SB$_1$启动,工作台向左移动;如果启动时工作台在左端,则按下SB$_2$启动,工作台向右移动。

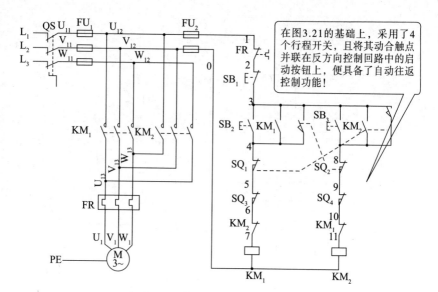

在图3.21的基础上，采用了4个行程开关，且将其动合触点并联在反方向控制回路中的启动按钮上，便具备了自动往返控制功能！

图3.24 自动往返控制的电动机正反转限位电路原理图

由此可见，在明白电路原理的前提下对电路进行局部改进，使其功能更完善，并不需要多少高深莫测的学问，有一定经验的电工是完全能够做到的。

该电路与图3.21所示手动控制的电动机正反转限位电路的工作原理基本相同，下面做简要分析。

（1）当电动机正转运行时，运动机构碰触行程开关SQ_1，使其动断触点断开，接触器KM_1线圈失电，电路断开，电动机停止运转，如图3.25（a）所示。

（2）行程开关动合触点闭合，使接触器KM_2线圈得电，电路接通，电动机反向启动运行，如图3.25（b）所示。

（3）运动机构离开行程开关SQ_1，SQ_1触点复位。当运动机构碰触行程开关SQ_4，电路失电，电动机停止运转，如图3.25（c）所示。

（4）按下停止按钮SB_1，电动机停止运转。

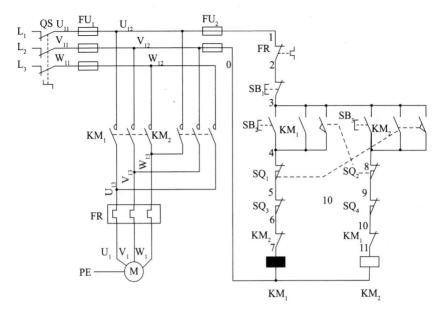

(a) 电动机正转

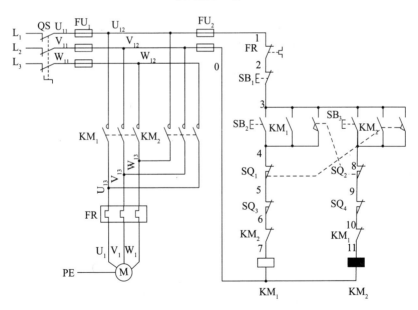

(b) 电动机反转

图3.25 自动往返控制的电动机正反转限位电路工作过程

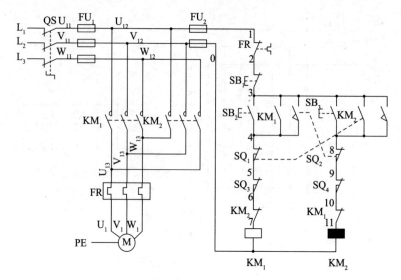

(c) 运动机构离开行程开关SQ₁

续图3.25

两台电动机自动循环控制电路是如何工作的?

答:图3.26所示为由两台动力部件构成的自动循环控制电路图,其中,图3.26(a)所示是运动部件自动往返示意图。

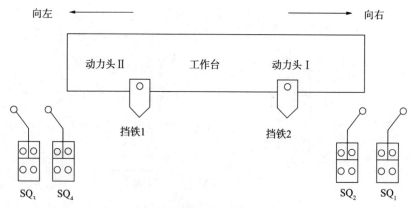

(a) 运动部件自动往返示意图

图3.26 两台电动机自动循环控制电路

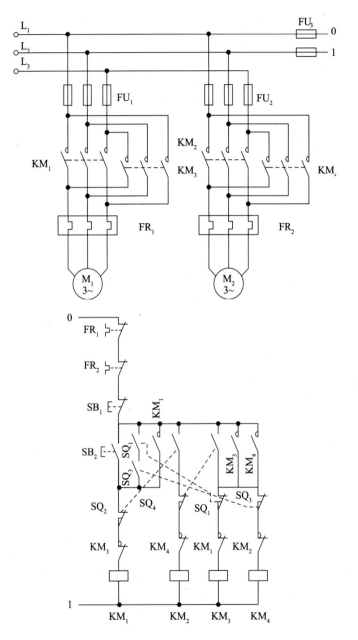

(b) 控制电路原理图

续图3.26

按下按钮SB₂，由于动力头Ⅰ没有压下SQ₂，所以动断触点仍处于闭合位置，使接触器KM₂线圈得电，动力头Ⅰ拖动电动机M₁正转，动力头Ⅰ向前运行。

当动力头Ⅰ运行到终点并压下限位开关SQ₂时，其动断触点断开，使接触器KM₁失电，而动合触点闭合，使接触器KM₂得电，动力头Ⅱ拖动电动机M₂正转运行，动力头Ⅱ向前运行。当动力头Ⅱ运行到终点时，压下限位开关SQ₄，其动断触点断开，使接触器KM₂失电，动力头Ⅱ停止向前运行。而SQ₄的动合触点闭合，使得接触器KM₃、KM₄得电，动力头Ⅰ和Ⅱ的电动机同时反转，两个动力头均向后退。

当动力头Ⅰ和Ⅱ均到达原始位置时，SQ₁和SQ₃的动断触点断开，使接触器KM₃、KM₄失电，动力头停止后退；同时它们的动合触点闭合，使得KM₁又得电，新的循环开始。

该电路在机床运行电路中比较常见。SB₂、SQ₂、SQ₄、SQ₁和SQ₃是状态变换的条件。

什么是电动机顺序控制？

答：在装有多台电动机的生产机械上，各电动机所起的作用是不同的，有时需按一定的顺序启动或停止，才能保证操作过程的合理和安全可靠。例如，X62W型万能铣床上要求主轴电动机启动后，进给电动机才能启动；M7120型平面磨床的冷却泵电动机要求当砂轮电动机启动后才能启动。这种要求几台电动机的启动或停止必须按一定的先后顺序来完成的控制方式，叫做电动机的顺序控制。

顺序控制可以通过控制回路实现，也可通过主回路实现。

两台电动机顺序联锁控制电路是如何工作的？

答：图3.27所示为两台电动机顺序联锁控制电路，必须M₁先启动运行后，M₂才允许启动；停止则无要求。

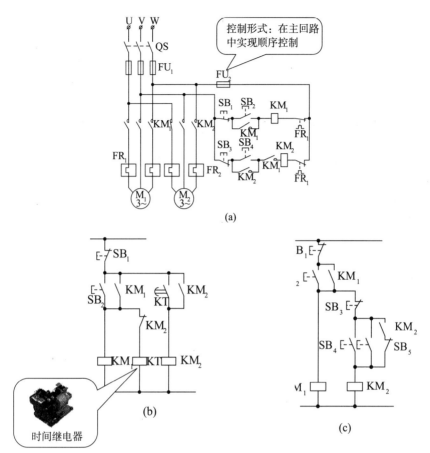

图3.27 两台电动机顺序联锁控制电路原理图

图3.27（a）所示的两台电动机顺序联锁控制电路。启动时，必须先按下按钮SB₂，接触器KM₁有电，电动机M₁启动运行，同时KM₁串在KM₂线圈回路中的动合触点闭合（辅助触点实现自锁），为KM₂线圈得电做好准备。当M₁运行后，按下SB₄，KM₂得电，其主触点闭合（辅助触点实现自锁），M₂启动运行。该电路中电动机停止时有两种方式：

（1）按顺序停止：当按下SB₃时，KM₂断电，M₂停车；再按下SB₁，KM₁断电，M₁停车。

（2）同时停止：直接按下SB₁，交流接触器KM₁、KM₂线圈同时失电释放，各自的三相主触点均断开，两台电动机M₁、M₂同时断电停止工作。

图3.27（b）是两台电动机自动延时启动电路。启动时，先按下SB₂，KM₁得电，M₁启动运行，同时时间继电器KT得电，延时闭合，使KM₂线圈回路接通，其主触点闭合，M₂启动运行。

若按下停车按钮SB₁，则两台电动机M₁、M₂同时停车。

图3.27（c）是一台电动机先启动运行，然后才允许另一台电动机启动运行，并且具有点动功能的电路。启动时，按下SB₂，KM₁得电，M₁启动运行。这时按下SB₄，使KM₂得电，M₂启动，连续运行。若此时按下SB₅，M₂就变为点动运行，因为SB₅的动断触点断开了KM₂的自锁回路。

 ## 两台电动机顺序启动逆序停止控制电路是如何工作的？

答：图3.28所示为两台电动机顺序启动逆序停止控制电路。

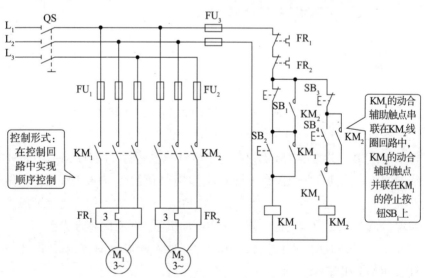

图3.28　两台电动机顺序启动逆序停止控制电路原理图

按下SB₂，接触器KM₁得电吸合并自锁，其主触点闭合，电动机

M₁启动运转。由于KM₁的动合辅助触点作为KM₂得电的先决条件串联在KM₂线圈回路中，所以只有在M₁启动后M₂才能启动，实现了按顺序启动。

需要停止电动机时，如果先按下电动机M₁的停止按钮SB₁，由于KM₂的动合辅助触点作为KM₁失电的先决条件并联在SB₁的两端，所以M₁不能停止运转。只有在按下电动机M₂的停止按钮SB₃后，接触器KM₂断电释放，M₂停止运转，这时再按下SB₁，电动机M₁才能停止运转。这就实现了两台电动机按照顺序启动、逆序停止的控制。

该电路的控制特点是将KM₁的动合辅助触点串联在KM₂线圈回路中，同时将KM₂的动合辅助触点并联在KM₁的停止按钮SB₁两端。这种连接方法实现该电路的功能是，启动时，先启动M₁后才能启动M₂；停止时，先停止M₂后才能停止M₁。即两台电动机按照先后顺序启动、以逆序停止。

 ## 什么是电动机多地控制？

答：能够在两处或者两处以上地点同时控制一台电动机的控制方式，叫做电动机多地控制，也称为多点控制。

这是为了满足在实际生产过程中，两处地点以上同时控制一台电气设备的控制要求（例如，大型机床为操作方便，往往要求在两个或两个以上地点都能进行操作），减轻劳动者的劳动强度，避免来回奔波而设计出的多地控制电路。

 ## 电动机两点联锁控制电路是如何工作的？

答：图3.29所示为电动机两点联锁控制电路。图中，SB₁₁、SB₁₂为安装在甲地的启动按钮；SB₂₁、SB₂₂为安装在乙地的启动按钮。

该线路的特点是：两地的启动按钮SB₁₁、SB₂₁并联在一起；停止按钮SB₁₂、SB₂₂串联在一起。这样就可以分别在甲、乙两地启动和停止同一台电动机，达到操作方便的目的。

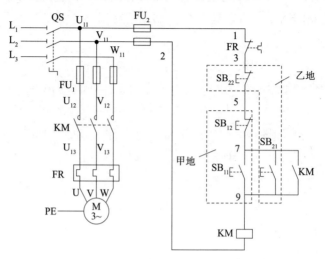

图3.29　电动机两点联锁控制电路原理图

下面介绍该电路的工作原理：

先合上电源开关QS。

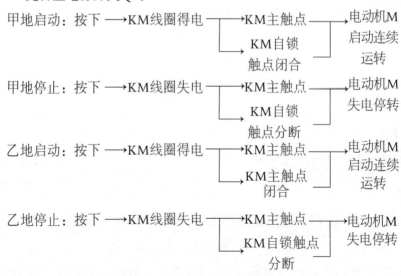

甲地启动：按下 ⟶ KM线圈得电 ⟶ KM主触点 ⟶ 电动机M启动连续运转
　　　　　　　　　　　　　 ⟶ KM自锁触点闭合

甲地停止：按下 ⟶ KM线圈失电 ⟶ KM主触点 ⟶ 电动机M失电停转
　　　　　　　　　　　　　 ⟶ KM自锁触点分断

乙地启动：按下 ⟶ KM线圈得电 ⟶ KM主触点 ⟶ 电动机M启动连续运转
　　　　　　　　　　　　　 ⟶ KM主触点闭合

乙地停止：按下 ⟶ KM线圈失电 ⟶ KM主触点 ⟶ 电动机M失电停转
　　　　　　　　　　　　　 ⟶ KM自锁触点分断

　　值得说明，两地控制电路的主回路与电动机正转电路相同，不同的是控制回路。要实现三地或多地控制，只要把各地的启动按钮并联，停止按钮串联即可。

如果将上述控制电路用图3.30所示的电路更换，就可实现在三个地点控制一台电动机的启停。图3.30中，SB_1、SB_4为第一地点控制按钮；SB_2、SB_5为第二地点控制按钮；SB_3、SB_6为第三地点控制按钮。

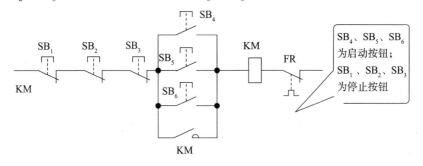

图3.30　电动机三点控制电路

 # 电动机时间控制电路是如何工作的?

答：图3.31所示为某三相异步电动机时间控制电路。

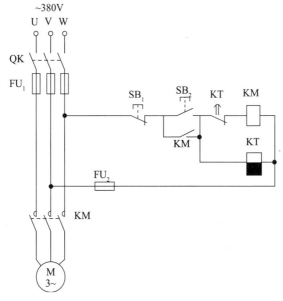

图3.31　三相异步电动机时间控制电路

按下启动按钮SB$_2$，接触器KM得电并自锁，电动机启动运行。与此同时，时间继电器KT带电，并开始计时，当达到预先整定的时间，其延时动断触点KT断开，切断接触器控制回路，电动机停止运转。同样，用时间继电器的延时动合触点，可以接通接触器控制回路，实现时间控制。

时间继电器延时时间根据需要进行整定。如整定为5s，检查接线正确后合上主电源，启动电动机，观察交流接触器、时间继电器和电动机的动作情况；改变时间继电器的延时时间为10s，重复上述操作。

第 4 章
电动机控制
电路典型应用

4.1 常用机床控制电路

C620-1型车床电气控制电路由哪些部分组成？

答：C620-1型车床电气控制电路原理图如图4.1所示，该控制电路包括主回路、控制回路和照明电路三个组成部分。

主回路共有2台电动机，其中M_1是主轴电动机，拖动主轴旋转和刀架做进给运动，由于主轴是通过摩擦离合器实现正反转的，所以主轴电动机不要求正反转，可用按钮和接触器来控制；M_2是冷却泵电动机，直接用转换开关QF_2控制。

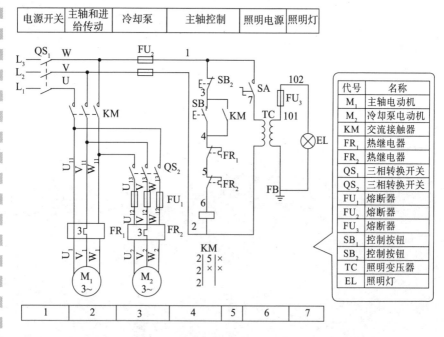

图4.1 C620-1型车床电气控制电路原理图和安装接线图

C620-1型车床电气控制电路是如何工作的？

答：（1）主回路。电动机电源采用380V的交流电源，由电源开关QF_1引入。主轴电动机M_1的启停由接触器KM的主触点控制，主轴通过摩擦离合器实现正反转；主轴电动机启动后，才能启动冷却泵电动机M_2，是否需要冷却，由电源开关QF_2控制。熔断器FU_1为电动机M_2提供短路保护。热继电器FR_1和FR_2为电动机M_1和M_2提供过载保护，它们的动断触点串联后接在控制回路中。

（2）控制回路。主轴电动机的控制过程：合上电源开关QF_1，按下启动按钮SB_1，接触器KM线圈通电使铁心吸合，电动机M_1由KM的三个主触点吸合而通电启动运转，同时并联在SB_1两端的KM辅助触点（3-4）吸合，实现自锁；按下停止按钮SB_2，M_1停转。

冷却泵电动机的控制过程：当主轴电动机M_1启动后（KM主触点闭合），闭合QF_2，电动机M_2得电启动；若要关掉冷却泵，断开QF_2即可。当M_1停转后，M_2也停转。

只要电动机M_1和M_2中任何一台过载，与其相对应的热继电器的动断触点就断开，从而使控制回路失电，接触器KM释放，所有电动机停转。FU_2为控制回路提供短路保护。另外，控制回路还具有欠电压保护，因为当电源电压低于接触器KM线圈额定电压的85%时，KM会自行释放。

（3）照明电路。照明电路由一台380V/36V变压器供给36V安全电压供电，熔断器FU_3作为短路保护。闭合开关SA，照明灯EL亮。

怎样用万用表检查C620-1型车床的控制回路是否正常？

答：断开主回路接在开关QS_1上的三根电源线U、V、W，切断SA，把万用表拨到$R \times 100$挡，调零以后，将两只表笔分别接到熔断器FU_2两端，此时电阻应为零，否则存在断路问题。将两只表笔再分别接到1、2端，此时电阻应为无穷大，否则接线可能有误（如SB_1应接常开触点，而错接成常闭触点）或按钮SB_1的动合触点粘连而闭合；按下

SB_1，此时若测得一电阻值(为接触器KM线圈电阻)，说明1-2支路接线正常；按下接触器KM的触点架，其动合触点（3-4）闭合，此时万用表测得的电阻仍为KM的线圈电阻，表明KM自锁起作用，否则KM的动合触点（3-4）可能有虚接或漏接等问题。

Z35型摇臂钻床电气控制电路由哪些部分组成？

答：Z35型摇臂钻床的电气控制电路原理图如图4.2所示，元件名称及作用见表4.1。该钻床电气电路主要由主回路、控制电路和照明回路组成。

表4.1　元件符号名称及作用

符 号	元件名称	作 用
M_1	冷却泵电动机	供给冷却液
M_2	主轴电动机	主轴转动
M_3	摇臂升降电动机	摇臂升降
M_4	立柱夹紧松开电机	立柱夹紧松开
KM_1	交流接触器	控制主轴电动机
KM_2	交流接触器	摇臂上升
KM_3	交流接触器	摇臂下降
KM_4	交流接触器	立柱松开
KM_5	交流接触器	立柱夹紧
FU_1	熔断器	电源总保险
FU_2	熔断器	M_3、M_4短路保护
FU_3	熔断器	照明电路短路保护
QS	转换开关	电源总开关
SA_1	十字开关	控制M_2和M_3
SA_2	冷却泵电机开关	控制冷却泵电动机M_1
SA_3	照明开关	控制EL

符　号	元件名称	作　用
KA	零压继电器	失压保护
FR	热继电器	主电动机M_2过载保护
SQ_1	限位开关	摇臂升降限位开关
SQ_2	行程开关	摇臂夹紧行程开关
SB_1	按钮	立柱松开（M_4正转点动控制）
SB_2	按钮	立柱夹紧（M_4反转点动控制）
TC	控制变压器	控制照明电路的低压电源
EL	照明灯泡	机床局部照明
A	汇流排	

Z35型摇臂钻床电气控制电路是如何工作的?

答：（1）主回路。在主回路中，M_1为冷却泵电动机，提供冷却液，由于容量较小，由转换开关SA_2直接控制。M_2为主轴电动机，由接触器KM_1控制，热继电器FR作过载保护。M_3为摇臂升降电动机，由接触器KM_2和KM_3控制其正反转的点动运行，不装过载保护。M_4为立柱放松夹紧电动机，由接触器KM_4和KM_5控制其正反转点动运行，不装过载保护。在主回路中，整个机床用熔断器FU_1作短路保护，M_3、M_4及其控制回路共用熔断器FU_2作短路保护。除了冷却泵以外，其他的电源都通过汇流排A引入。

（2）控制回路。控制回路的电源为AC 127V，由变压器TC将380V交流电降为127V得到。该控制回路采用十字开关SA_1操作，十字开关由十字手柄和4个微动开关组成，十字手柄有5个位置："上"、"下"、"左"、"右"、"中"，如表4.2所示。十字开关每次只能扳到一个方向，接通一个方向的电路。

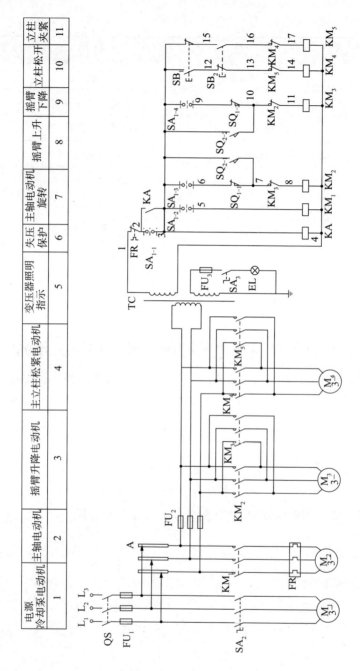

图4.2 Z35型摇臂钻床的电气电路

表4.2　十字开关的操作说明

手柄位置	实物位置	接通微动开关的触点	控制回路工作情况
中		都不通	控制回路断电
左		SA$_{1-1}$	KA得电并自锁，零压保护
右		SA$_{1-2}$	KM$_1$得电，主轴运转
上		SA$_{1-3}$	KM$_2$得电，摇臂上升
下		SA$_{1-4}$	KM$_3$得电，摇臂下降

●零压保护。闭合电源前应首先将十字开关扳向左边，微动开关 SA$_{1-1}$接通，零压继电器KA线圈得电吸合并自锁。当机床工作时，再将十字手柄扳向需要的位置。若电源断电，零压继电器KA释放，其自锁触点断开；当电源恢复时，零压继电器不会自动吸合，控制回路不会自动通电，这样可防止电源中断又恢复时，机床自行启动出现危险。

●主轴电动机运转。将十字开关扳向右边，微动开关SA$_{1-2}$接通，接触器KM$_1$线圈得电吸合，主轴电动机M$_2$启动运转。主轴的正反转由主轴箱上的摩擦离合器手柄操作。摇臂钻床的钻头旋转和上下移动都由主轴电动机拖动。将十字开关扳到中间位置，SA$_{1-2}$断开，主轴电动机M$_2$停止运转。

●摇臂的升降。将十字手柄扳向上边，微动开关SA$_{1-3}$闭合，接触器KM$_2$线圈得电吸合，电动机M$_3$正转，带动升降丝杠正转。摇臂松紧机构如

图4.3所示，升降丝杠开始正转时，升降螺母也跟着旋转，所以摇臂不会上升。下面的辅助螺母因不能旋转而向上移动，通过拨叉使传动松紧装置的轴逆时针方向转动，结果松紧装置将摇臂松开。在辅助螺母向上移动时，带动传动条向上移动。当传动条压上升降螺母后，升降螺母就不能再转动了，而只能带动摇臂上升。在辅助螺母上升而转动拨叉时，拨叉又转动开关SQ₂的轴，使触点SQ$_{2\text{-}2}$闭合，为夹紧作准备。这时接触器KM₂的动断触点断开，接触器KM₃线圈不会得电。

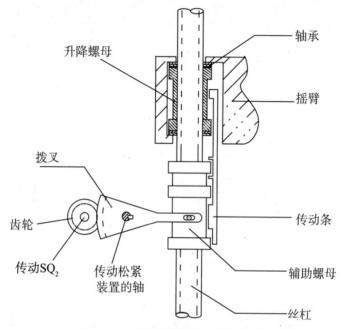

图4.3 摇臂放松夹紧机构示意图

当摇臂上升到所需的位置时，将十字开关扳回到中间位置，这时接触器KM₂线圈断电释放，其动断触点KM₂（10-11）闭合，因触点SQ$_{2\text{-}2}$已闭合，接触器KM₃线圈得电吸合，电动机M₃反转使辅助螺母向下移动，一方面带动传动条下移而与升降螺母脱离接触，升降螺母又随丝杠空转，摇臂停止上升；另一方面辅助螺母下移时，通过拨叉又使传动松紧装置的轴顺时针方向转动，结果松紧装置将摇臂夹紧；同时，拨叉通过齿轮转动开关SQ₂的轴，使摇臂夹紧时触点SQ$_{2\text{-}2}$断开，接触器KM₃释放，电动机M₃停止运转。

将十字开关扳到下边，微动开关触点SA_{1-4}闭合，接触器KM_3线圈得电吸合，电动机M_3反转，带动升降丝杠反转。开始时，升降螺母也跟着旋转，所以摇臂不会下降。下面的辅助螺母向下移动，通过拨叉使传动松紧装置的轴顺时针方向转动，结果松紧装置也是先将摇臂松开。在辅助螺母向下移动时，带动传动条向下移动。当传动条压住上升螺母后，升降螺母也不转了，带动摇臂下降。辅助螺母下降而转动拨叉时，拨叉又转动组合开关SQ_2的轴，使触点SQ_{2-1}闭合，为夹紧作准备。这时KM_3的动断触点KM_3（7-8）是断开的。

当摇臂下降到所需要的位置时，将十字开关扳回到中间位置，这时SA_{1-4}断开，接触器KM_3线圈断电释放，其动断触点闭合，又因触点SQ_{2-1}已闭合，接触器KM_2线圈得电吸合，电动机M_3正转使辅助螺母向上移动，带动传动条上移而与升降螺母脱离接触，升降螺母又随丝杠空转，摇臂停止下降；辅助螺母上移时，通过拨叉使传动松紧装置的轴逆时针方向转动，结果松紧装置将摇臂夹紧；同时，拨叉通过齿轮转动组合开关SQ_2的轴，使摇臂夹紧时触点SQ_{2-1}断开，接触器KM_2释放，电动机M_3停止运转。

限位开关SQ_1是用来限制摇臂升降的极限位置。当摇臂上升到极限位置时，SQ_{1-1}断开，接触器KM_2线圈断电释放，电动机M_3停转，摇臂停止上升。当摇臂下降到极限位置，触点SQ_{1-2}断开，接触器KM_3线圈断电释放，电动机M_3停转，摇臂停止下降。

●立柱和主轴箱的松开与夹紧。立柱的松开与夹紧是靠电动机M_4的正反转通过液压装置来完成的。当需要立柱松开时，可按下按钮SB_1，接触器KM_4线圈得电吸合，电动机M_4正转，通过齿轮离合器，M_4带动齿轮式油泵旋转，从一定的方向送出高压油，经一定的油路系统和传动机构将外立柱松开。松开后可放开按钮SB_1，电动机停转，即可用手推动摇臂连同外立柱绕内立柱转动。当转动到所需位置时，可按下按钮SB_2，接触器KM_5线圈得电吸合，电动机M_4反转，通过齿轮式离合器，M_4带动齿轮式离合器反向旋转，从另一方向送出高压油，在液压推动下将立柱夹紧。夹紧后可放开按钮SB_2，接触器KM_5线圈断电释放，电动机M$_4$停转。

Z35摇臂钻床的主轴箱在摇臂上的松开与夹紧和立柱的松开与夹紧由同一台电动机M$_4$和同一液压机构进行控制。

● 冷却泵电动机的控制。冷却泵电动机M$_1$由转换开关SA$_2$直接控制。

（3）照明电路。照明电路的电压是36V安全电压，由变压器TC提供。照明灯一端接地，保证安全。照明灯由开关SA$_3$控制，由熔断器FU$_3$作短路保护。

在电路中，零压继电器KA起零压保护作用。在机床动作时，若线路断电，KA线圈断电，其动合触点断开，使整个控制回路断电。当电压恢复时，KA不能自行通电，必须将十字开关手柄扳至左边位置，KA才能再次通电吸合。从而避免了机床断电后电压恢复时的自行启动。

由于Z35型摇臂钻床采用了4台电动机拖动，因此分清每台电动机的功用，是正确分析本电路的第一步。例如，M$_1$为冷却泵电动机、M$_2$为主轴电动机、M$_3$为摇臂升降电动机、M$_4$为立柱松紧电动机。其次，分清每个接触器的作用及工作状态，是分析本电路的关键。

主轴电动机M$_2$的启停和摇臂升降电动机M$_3$的正反转由一个机械定位的十字开关操作；内外立柱的夹紧与放松是一套电气-液压-机械装置；摇臂对外立柱的夹紧与放松则是在摇臂进行升降操作时自动完成的，其机构是一套电气-机械装置。

若Z35型摇臂钻床的主轴电动机不能启动，应重点检查哪些线路？若主轴电动机不能停转呢，又该如何检修？

答：主轴电动机不能启动时：检查熔断器FU$_1$，若熔断器FU$_1$的熔丝熔断，应更换熔丝；检查十字开关的触点是否良好，如果微动开关SA$_{1-2}$损坏或接触不良，应更换或修复；如果十字开关良好，则应检查零压继电器是否损坏，接线有无松脱；如果接触器KM$_1$动作，但电动机仍不启动，应检查接触器主触点的接线是否松脱，接触是否良好，电源电压是否过低。

主轴电动机不能停转的故障一般是由于接触器的主触点熔焊在一起造成的，更换熔焊的主触点即可排除故障。

C616型普通车床电气控制电路由哪些部分组成？

答：C616型车床电气控制电路原理图如图4.4所示。C616型车床有3台电动机，即主轴电动机M_1、润滑泵电动机M_2、机床配件冷却泵电动机M_3，其中主轴电动机M_1可正反转。

该电路由三部分组成：从电源到3台电动机的电路称为主回路，这部分电路中通过的电流大；由接触器、继电器等组成的电路称为控制回路，采用380V电源供电；第三部分是照明及指示回路，由变压器TC次级供电，其中指示灯HL的电压为6.3V，照明灯EL的电压为36V安全电压。

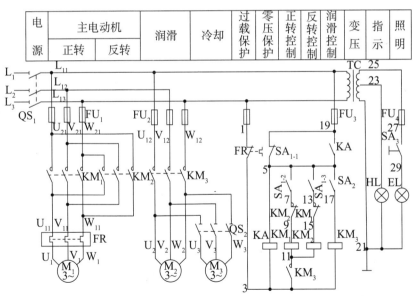

图4.4　C616型车床电气控制电路

C616型车床电气控制电路是如何工作的?

答：接触器KM₁控制主电动机M₁正转电源的通断，接触器KM₂控制其反转电源的通断，熔断器FU₁为主轴电动机M₁的短路保护，热继电器FR为主轴电动机M₁的过载保护。机床配件熔断器FU₂为润滑泵电动机M₂和冷却泵电动机M₃及控制回路的总短路保护。润滑泵电动机M₂为单向正转运行，它提供给机床润滑系统润滑油，由接触器KM₃控制其电源的通断。冷却泵电动机M₃除了受KM₃控制外，还可根据实际需要由手动转换开关QS₂进行控制。

（1）启动准备。合上电源开关QS₁，接通电源，变压器TC二次侧有电，指示灯HL亮。合上SA₃，照明灯EL点亮照明。此时，由于SA₁₋₁为动断触点，故113→1→3→5→19→111的电路接通，中间继电器KA得电吸合，它的动合触点（5-19）接通，为开车做好了准备。

（2）润滑泵、冷却泵启动。在启动主电动机之前，先合上SA₂，接触器KM₃吸合。一方面，KM₃的主触点闭合，使润滑泵电动机M₂启动运转；另一方面，KM₃的动合辅助触点（3-11）接通，为KM₁、KM₂吸合做准备。这就保证了先启动润滑泵，使车床润滑良好后再启动主电动机。在润滑泵电动机M₂启动后，可合上转换开关QS₂，使冷却泵电动机M₃启动运转。

（3）主电动机启动。SA₁为手动转换开关，它有一对动断触点SA₁₋₁，两对动合触点SA₁₋₂及SA₁₋₃。当启动手柄置于"零"位置时，SA₁₋₁闭合，两对动合触点均断开；当启动手柄置于"正转"位置时，SA₁₋₂闭合，SA₁₋₁、SA₁₋₃断开；当启动手柄置于"反转"位置时，SA₁₋₃闭合，SA₁₋₁、SA₁₋₂断开。

主电动机工作过程如下：当启动手柄置于"正转"位置时，SA₁₋₂接通，电流经113→1→3→11→9→7→5→19→111形成回路，接触器KM₁得电吸合，其主触点闭合，使主电动机M₁启动正转。同时，KM₁的动断辅助触点（13-15）断开，将反转接触器KM₂联锁。

若需主电动机反转，只要将启动手柄置于"反转"位置，SA_{1-3}接通，SA_{1-2}断开，接触器KM_1释放，正转停止，并解除了对KM_2的联锁，接触器KM_2吸合使M_1反转。

主电动机M_1需要停止时，只要将SA_1置于"零位"，SA_{1-2}及SA_{1-3}均断开，主电动机的正转或反转均停止，并为下次启动做好准备。

在以上主轴电动机M_1正反转控制过程中，SA_1始终只能有一对触点闭合，从而保证了主轴电动机M_1的正反转接触器KM_1、KM_2在任何时候都不会同时闭合。同时在接触器KM_1和KM_2的线圈回路中互相串入了对方的常闭触点，组成了典型的接触器联锁正反转控制电路，使控制电路具有很高的可靠性。

（4）零压保护。零压保护又称为失压保护，是指电动机在正常工作过程中，因外界原因断电时，电动机停止运转；而恢复供电以后，确保电路不会自行接通，电动机不会自行启动运转的一种保护措施。本电路的零压保护是通过中间继电器KA实现的。当启动手柄不在"零"位置，即电动机M_1在正转或反转工作状态而断电时，中间继电器KA断电释放，其动合触点（5-19）断开。恢复供电后，由于手柄不在"零"位置，SA_{1-1}断开，KA不会吸合，它的动合触点（5-19）不会自行接通，电动机M_1不会自行启动，因而起到了零压保护的作用。

三相电源由电源总开关QS_1引入，控制回路各电器直接接在380V的电源上。在本电路中，润滑泵电动机M_2和冷却泵电动机M_3没有设置作为电动机过载保护的热继电器。

X62W万能铣床电气控制电路由哪些部分组成？

答：X62W万能铣床电气控制电路如图4.5所示。主轴电动机M_1由接触器KM_1控制。为了进行顺铣和逆铣加工，要求主轴能够正反转。由于工作过程中不需要改变电动机旋转方向，故M_1的正反转采用组合开关SA_3改变电源的相序来实现。

进给电动机M_2由接触器KM_3、KM_4控制其正反转。六个方向的进给运动是通过操作选择运动方向的手柄与开关，配合进给电动机M_2的正反转来实现的，为减小齿轮端面的冲击，要求变速时有电动机瞬时冲动(短时间歇转动)控制。

主轴运动和进给运动采用变速孔盘进行速度选择。为保证变速齿轮进入良好的啮合状态，两种运动分别通过行程开关SQ_1和SQ_2实现变速后的瞬时点动。

主轴电动机、冷却泵电动机和进给电动机共用熔断器FU_1做短路保护，过载保护则分别由热继电器FR_1、FR_2、FR_3来实现。当主轴电动机或冷却泵电动机有一个过载时，控制回路全部切断。但进给电动机过载时，只切断进给控制回路。

为了保证机床、刀具的安全，在铣削加工时同一时间只允许工作台向一个方向移动，故三个垂直方向的运动之间设有联锁保护。使用圆形工作台时，不允许工件作纵向、横向和垂直方向的进给运动。为此，圆形工作台的旋转运动与工作台的上下、左右、前后三个方向的运动之间采用了联锁控制措施。为了更换铣刀方便、安全，设置了换刀专用开关SA_1。换刀时，一方面将主电动机的轴制动，使主轴不能自由转动。另一方面，将控制回路切断，避免发生人身事故。

本铣床采用电磁离合器控制，其中，YC_1为主轴制动，YC_2用于工作进给，YC_3用于快速进给，解决了速度继电器和牵引电磁铁容易损坏的问题。同时，采用了多片式电磁离合器，具有传递转矩大、体积小、易于安装在机床内部，并能在工作中接入和切除，便于实现自动化等优点。

X62W铣床主要电气元件名称及作用见表4.3，各开关位置及其动作说明见表4.4。

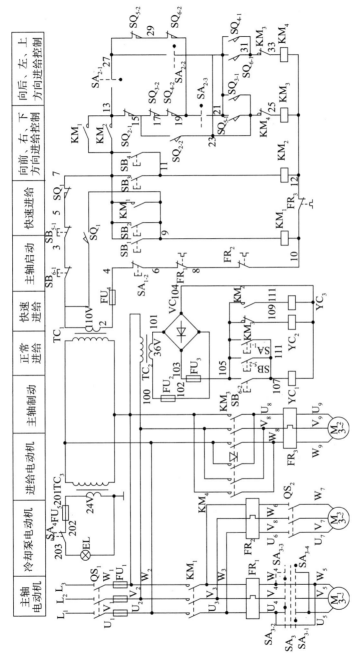

图4.5　X62W型万能铣床电气控制电路

表4.3　X62W铣床主要电气元件名称及作用

符　号	元件名称	作　用
M_1	电动机	驱动主轴
M_2	电动机	驱动进给
M_3	电动机	驱动冷却泵
SQ_1	开关	电源总开关
SQ_2	开关	冷却泵开关
SA_1	开关	换刀制动开关
SA_2	开关	圆工作台开关
SA_3	开关	M_1换相开关
FU_1	熔断器	电源总保险
FU_2	熔断器	整流电源保险
FU_3	熔断器	直流电路保险
FU_4	熔断器	控制回路保险
FU_5	熔断器	照明保险
FR_1	热继电器	M_1过载保护
FR_2	热继电器	M_3过载保护
FR_3	热继电器	M_2过载保护
TC_1	变压器	控制回路电源

第4章　电动机控制电路典型应用

符　号	元件名称	作　用
TC₂	变压器	整流电源
TC₃	变压器	照明电源
VC	整流器	电磁离合器电源
KM₁	接触器	主轴启动
KM₂	接触器	快速进给
KM₃	接触器	M₂正转
KM₄	接触器	M₂反转
SB₁，SB₂	按钮	M₁启动
SB₃，SB₄	按钮	快速进给点动
SB₅，SB₆	按钮	停止、制动
YC₁	电磁离合器	主轴制动
YC₂	电磁离合器	正常进给
YC₃	电磁离合器	快速进给
SQ₁	行程开关	主轴冲动开关
SQ₂	行程开关	进给冲动开关
SQ₃，SQ₄	行程开关	M₂正反转及联锁
SQ₅，SQ₆	行程开关	

表4.4 各开关位置及其动作说明

主轴转向转换开关			
位置 触点	正 转	停 止	反 转
SA_{3-1}	−	−	+
SA_{3-2}	+	−	−
SA_{3-3}	+	−	−
SA_{3-4}	−	−	+

工作台纵向进给开关			
位置 触点	左	停	右
SQ_{5-1}	−	−	+
SQ_{5-1}	+	+	−
SQ_{6-1}	+	−	−
SQ_{6-1}	−	+	+

工作台垂直与横向进给开关			
位置 触点	前、下	停	后、上
SQ_{3-1}	+	−	−
SQ_{3-2}	−	+	+
SQ_{4-1}	−	−	+
SQ_{4-2}	|	+	−

圆形工作台转换开关		
位置 触点	接 通	断 开
SQ_{2-1}	−	+
SQ_{2-2}	+	−
SQ_{2-3}	−	+

主轴换刀制动开关		
位置 触点	接 通	断 开
SQ_{1-1}	+	−
SQ_{1-2}	−	+

注： 表中"+"表示触点接通；"−"表示触点断开。

X62W铣床电气控制电路是如何工作的?

答：该铣床由3台异步电动机拖动。M_1为主轴电动机，负责主轴的旋转运动；M_2为进给电动机，负责机床的进给运动和辅助运动；M_3为冷却泵电动机，负责将冷却液输送到机床切削部位，并进行冷却。

（1）主轴电动机的控制。

● 主轴电动机启动控制。本机床采用两地控制方式，启动按钮SB_1和停止按钮SB_{5-1}为一组；启动按钮SB_2和停止按钮SB_{6-1}为一组。这两组控制按钮分别安装在工作台和机床床身上，实现两地控制主轴电动机的启动与停止，以方便操作。启动前先选择好主轴转速，并将主轴换向转换开关SA_3扳到所需转向上。然后接通电源开关QS_1，按下启动按钮SB_1或SB_2，接触器KM_1得电吸合并自锁，主电动机M_1按预选方向直接启动，带动主轴、铣刀旋转。KM_1的辅助动合触点（7-13）闭合，接通控制回路的进给线路电源，保证了只有先启动主轴电动机，才可启动进给电动机，避免损坏工件或刀具。

● 主轴电动机制动控制。为了使主轴停车准确，且减少电能损耗，主轴采用电磁离合器制动。该电磁离合器安装在主轴传动链中与电动机轴相连的第一根传动轴上。当按下停止按钮SB_5或SB_6时，接触器KM_1断电释放，电动机M_1失电。与此同时，停止按钮的动合触点SB_{5-2}或SB_{6-2}接通电磁离合器YC_1，离合器吸合，将摩擦片压紧，对主轴电动机进行制动。直到主轴停止转动，才可松开停止按钮。主轴制动时间不超过0.5s。

● 主轴变速冲动。主轴变速是通过改变齿轮的传动比实现的。当改变了传动比的齿轮组重新啮合时，因齿与齿之间的位置不能刚好对上，若直接启动，有可能使齿轮打牙。为此，本机床设置了主轴变速瞬时点动控制电路。变速时，先将变速手柄拉出，再转动蘑菇形变速手轮，调到所需转速上，然后，将变速手柄复位。就在手柄复位的过程中，压动了行程开关SQ_1，SQ_1的动断触点（5-7）先断开，动合触点（1-9）后闭合，接触器KM_1线圈瞬时通电，主轴电动机进行瞬时点动，使齿轮系统抖动一下，达到良好啮合。当手柄复位后，SQ_1复位，断开主轴瞬时点动线路。若瞬时点动一次没有实现齿轮良好啮合，可重复上述动作。

● 主轴换刀控制。在主轴上刀或换刀时，为避免人身事故，应将主轴置于制动状态。为此，控制电路中设置了换刀制动开关SA_1。只要将SA_1拨到"接通"位置，其动合触点SA_{1-1}接通电磁离合器YC_1，将电动机轴抱住，主轴处于制动状态。同时，动断触点SA_{1-2}断开，切断控制回路电源。保证了上刀或换刀时，机床没有任何动作。当上刀、换刀结束后，应将SA_1扳回"断开"位置。

（2）进给运动的控制。工作台的进给运动分为工作进给和快速进给。工作进给只有在主轴启动后才可进行，快速进给是点动控制，即使不启动主轴也可进行。工作台的左、右、前、后、上、下6个方向的运动都是通过操纵手柄和机械联动机构带动相应的行程开关使进给电动机M_2正转或反转来实现的。行程开关SQ_5、SQ_6控制工作台向右和向左运动，SQ_3、SQ_4控制工作台向前、向下和向后、向上运动。

进给拖动系统用了2个电磁离合器YC_2和YC_3，都安装在进给传动链的第4根轴上。当左边的离合器YC_2吸合时，连接工作台的进给传动链；当右边的离合器YC_3吸合时，连接快速移动传动链。

● 工作台的纵向(左、右)进给运动。工作台的纵向运动由纵向进给手柄操纵。当手柄扳向右边时，联动机构将电动机的传动链拨向工作台下面的丝杠，使电动机的动力通过该丝杠作用于工作台。同时，压下行程开关SQ_5，动合触点SQ_{5-1}闭合，动断触点SQ_{5-2}断开，接触器KM_3线圈通过（13→15→17→19→21→23→25）路径得电吸合，进给电动机M_2正转，带动工作台向右运动。

当纵向进给手柄扳向左边时，行程开关SQ_6受压，SQ_{6-1}闭合，SQ_{6-2}断开，接触器KM_4得电吸合，进给电动机反转，带动工作台向左运动。

SA_2为圆工作台控制开关，这时的SA_2处于断开位置，SA_{2-1}、SA_{2-3}

接通，SA_{2-2}断开。

●工作台的垂直(上、下)与横向(前、后)进给运动。工作台的垂直与横向运动由垂直与横向进给手柄操纵。该手柄有5个位置，即上、下、前、后、中间。当手柄向上或向下时，机械机构将电动机传动链与升降台上下移动丝杠相连；当手柄向前或向后时，机械机构将电动机传动链与溜板下面的丝杠相连；当手柄在中间位时，传动链脱开，电动机停转。

以工作台向下(或向前)运动为例，将垂直与横向进给手柄扳到向下(或向前)位，手柄通过机械联动机构压下行程开关SQ_3，动合触点SQ_{3-1}闭合，动断触点SQ_{3-2}断开，接触器KM_3线圈经（$13→27→29→19→21→23→25$）路径得电吸合，进给电动机M_2正转，带动工作台向下(或向前)运动。

若将手柄扳到向上(或向后)位，行程开关SQ_4被压下，SQ_{4-1}闭合，SQ_{4-2}断开，接触器KM_4线圈经（$13→27→29→19→21→31→33$）路径得电，进给电动机M_2反转，带动工作台向上(或向后)运动。

●进给变速冲动。在改变工作台进给速度时，为了使齿轮易于啮合，也需要使进给电动机瞬时点动一下。其操作顺序是：先将进给变速的蘑菇形手柄拉出，转动变速盘，选择好速度。然后，将手柄继续向外拉到极限位置，随即推回原位，变速结束。就在手柄拉到极限位置的瞬间，行程开关SQ_2被压动，SQ_{2-1}先断开，SQ_{2-2}后接通，接触器KM_3经（$13→27→29→19→17→15→23→25$）路径得电，进给电动机瞬时正转。在手柄推回原位时，SQ_2复位，进给电动机只瞬动一下。由接触器KM_3的通电路径可知，进给变速只有各进给手柄均在零位时才可进行。

●工作台的快速移动。工作台6个方向的快速移动也是由进给电动机M_2拖动的。当工作台工作进给时，按下快移按钮SB_3或SB_4(两地控制)，接触器KM_2得电吸合，其动断触点（105-109）断开电磁离合器YC_2，动合触点（105-111）接通电磁离合器YC_3，KM_2的吸合使进给传动系统跳过齿轮变速链，电动机直接拖动丝杠套，工作台快速进给，进给方向仍由进给操纵手柄决定。松开SB_3或SB_4，KM_2断电释放，快速进给过程结束，恢复原来的进给传动状态。

由于在主轴启动接触器KM$_1$的动合触点（7-13）上并联了KM$_2$的一个动合触点，故在主轴电动机不启动的情况下，也可实现快速进给。

（3）圆工作台的控制。当需要加工螺旋槽、弧形槽和弧形面时，可在工作台上加装圆工作台。圆工作台的回转运动也是由进给电动机M$_2$拖动的。

使用圆工作台时，先将控制开关SA$_2$扳到"接通"位置，这时，SA$_{2-2}$接通，SA$_{2-1}$和SA$_{2-3}$断开。再将工作台的进给操纵手柄全部扳到中间位置，按下主轴启动按钮SB$_1$或SB$_2$，主轴电动机M$_1$启动，接触器KM$_3$线圈经（13→15→17→19→29→27→23→25）路径得电吸合，进给电动机M$_2$正转，带动圆工作台进行旋转运动。

可见，圆工作台只能沿一个方向进行回转运动。由于启动电路途经SQ$_3$～SQ$_4$4个行程开关的动断触点，故扳动工作台任一进给手柄，都会使圆工作台停止工作，保证了工作台进给运动与圆工作台工作不可能同时进行。

（4）冷却泵电动机的控制。由主电路可以看出，只有在主轴电动机启动后，冷却泵电动机M$_3$才有可能启动。另外，M$_3$还受开关SQ$_2$的控制。

（5）控制电路的联锁与保护。

●进给运动与主轴转动的联锁。进给拖动的控制回路是接在主轴启动接触器KM$_1$动合触点（7-13）之后，故只有在主轴启动之后，工作台的进给运动才能进行。

由于KM$_1$动合触点（7-13）上并联了KM$_2$的动合触点，因此，在主轴未启动情况下，也可实现快速进给。

●工作台6个运动方向的联锁。电路上有两条支路：一条是与纵向操纵手柄联动的行程开关SQ$_5$、SQ$_6$的两个动断触点串联支路（27→29→19）；另一条是和垂直及横向操纵手柄联动的行程开关SQ$_3$、SQ$_4$的两个动断触点串联支路（15→17→19）。这两条支路是接触器KM₃或KM₄线圈得电的必经之路。因此，只要两个操纵手柄同时扳动，进给电路立即切断，实现了工作台各向进给的联锁控制。

●工作台进给与圆工作台的联锁。使用圆工作台时，必须将两个进给操纵手柄都置于中间位置。否则，圆工作台就不能运行。

●进给运动方向上的极限位置保护。采用机械和电气相结合的方式，由挡块确定各进给方向上的极限位置。当工作台运动到极限位置时，挡块碰撞操纵手柄，使其返回中间位置。相应进给方向上的行程开关复位，切断了进给电动机的控制电路，进给运动停止。

（6）工作照明。变压器TC₃将380V交流电变为24V的安全电压，供给照明灯，用转换开关SA₄控制。

主回路、控制回路和照明回路都具有短路保护。6个方向进给运动的终端限位保护，是通过由各自的限位挡铁碰撞操作手柄，使其返回中间位置以切断控制回路来实现。

3台电动机的过载保护分别由热继电器FR₁、FR₂、FR₃实现。为了确保刀具与工件的安全，要求主轴电动机、冷却泵电动机过载时，除两台电动机停转外，进给运动也相应停止，否则将撞坏刀具与工件。因此，FR₁、FR₃应串接在相应位置的控制回路中。当进给电动机过载时，则要求进给运动先停止，允许刀具空转一会儿，再由操作者总停机。因此，FR₂的动断触点只串接在进给运动控制回路中。

M7130型磨床的控制要求有哪些？

答：（1）砂轮、液压泵、冷却泵3台电动机都只要求单方向旋转。砂轮升降电动机需双向旋转。

（2）冷却泵电动机应随砂轮电动机的启动而启动，若加工中不需要冷却泵，则可单独关断冷却泵电动机。

（3）在工作台上可以安装电磁吸盘，将工件吸附在电磁吸盘上。在正常加工过程中，若电磁吸盘吸力不足或消失时，砂轮电动机与液压泵电动机应立即停止工作。以防止工件被砂轮切向力打飞而发生人身和设备事故。不加工时，即电磁吸盘不工作的情况下，允许砂轮电动机与液压泵电动机运行，机床作调整运动。

（4）具有完善的保护环节。包括各电路的短路保护，各电动机的长期过载保护，零压、欠压保护，电磁吸盘吸力不足的欠电流保护，以及线圈断开时产生高电压而危及电路中其他电器设备的过压保护等。

（5）具有机床安全照明电路与工件去磁的控制环节。

M7130型平面磨床电气控制电路有何特点？

答：M7130型平面磨床电气控制电路如图4.6所示。主回路共有3台电动机，其中M_1为砂轮电动机，M_2为冷却泵电动机，M_3为液压电动泵电动机，均要求单向旋转。电动机M_1和M_2同时由接触器KM_1的主触点控制，而冷却泵电动机M_2的控制回路接在接触器KM_1主触点下方，经插座X_1实现单独关断控制。液压泵电动机由接触器KM_3的主触点控制。

3台电动机共用熔断器FU_1作短路保护，M_1和M_2由热继电器FR_1作长期过载保护，M_3由热继电器FR_2作长期过载保护。为了保护砂轮与工件的安全，当有一台电动机过载停机时，另一台电动机也应停止，因此将FR_1、FR_2的动断触点串联接在总控制回路中。

M7130型磨床电气控制电路是如何工作的？

答：（1）电动机控制回路。由电源开关QS控制整个机床电源的接通和断开。主回路中共有3台电动机，其控制电路如图4.7所示，M_1为砂轮电动机，M_2为冷却泵电动机，M_3为液压电动泵电动机，均要求单向旋转。3台电动机共用熔断器FU_1作短路保护，M_1和M_2共用热继电器FR_1作过载保护。电动机M_1和M_2同时由接触器KM_1的主触点控制。

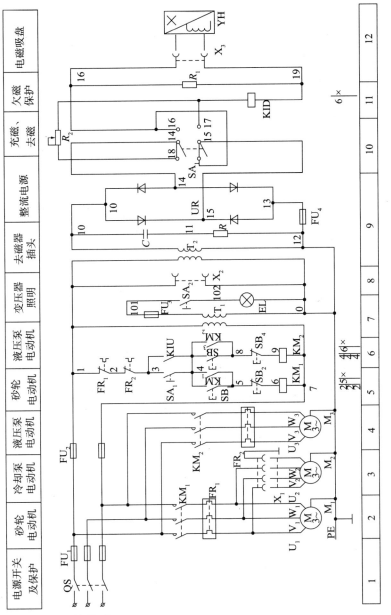

图4.6　M7130型磨床电气控制电路

由于冷却泵箱和床身是分装的，所以冷却泵电动机M_2经插座X_1与砂轮电动机M_1的电源线相连接（接在接触器KM_1主触点的下方），并和M_1在主回路实现顺序控制，且M_2实现单独关断控制。由于冷却泵电动机的容量较小，没有单独设置过载保护。液压泵电动机M_3由接触器KM_2的主触点控制，并由热继电器FR_2作过载保护。

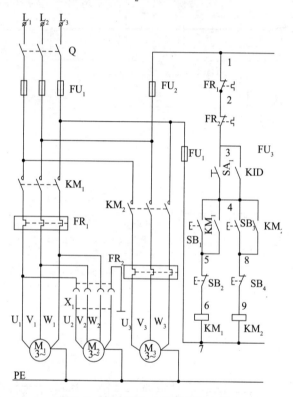

图4.7 电动机$M_1 \sim M_3$的控制电路

　　为了保护砂轮与工件的安全，当有一台电动机过载停机时，另一台电动机也应停止，因此将FR_1、FR_2的动断触点串联接在总控制回路中。

　　● 砂轮电动机M_1和冷却泵电动机M_2的控制：由按钮SB_1、SB_2和接触器KM_1线圈组成砂轮电动机M_1和冷却泵电动机M_2单向运行的启动、停止控制电路。

　　● 液压泵电动机M_3的控制：由按钮SB_3、SB_4和接触器KM_2线圈组成M₃单向运行的启动、停止控制电路。

电动机M₁~M₃的启动必须在电磁吸盘YH工作，触点SA₁（3-4）断开，且欠电流继电器KID得电吸合，其动合触点闭合；或者电磁吸盘YH不工作，但转换开关SA₁置于"失电"位置，其触点SA₁（3-4）闭合的情况下方可进行。

（2）电磁吸盘电路。图4.8所示为电磁吸盘控制电路，它由整流装置、控制装置和保护装置等组成。电磁吸盘整流装置由整流变压器T₂与桥式全波整流器UR组成。整流变压器T₂将220V交流电压降为127V交流电压，再经桥式整流电路后变成110V直流电压，通过转换开关SA₁切换，使得电磁吸盘处于吸合（充磁）、放松（失电）和去磁3种工作状态。

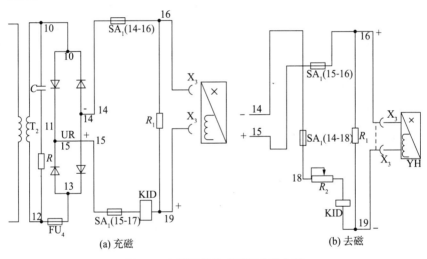

图4.8 电磁吸盘的充磁和去磁电路

电源总开关QS闭合，电磁吸盘整流电源就输出110V直流电压，触点15为电源正极，触点14为电源负极。

当转换开关SA₁置于"吸合"位置（SA₁开关向右）时，SA₁的触点（14-16）、（15-17）接通，110V直流电压接入电磁吸盘YH，工件被牢牢吸住。其电流通路为：电源正极触点15→已闭合的SA₁开关触点SA₁（17-15）→欠流继电器KID线圈→触点19→经插座X₃→YH线圈→

插座X_3→触点16→已闭合的SA_1开关触点SA_1（16-14）→电源负极14。欠电流继电器KID线圈通过插座X_3与电磁吸盘YH线圈串联。若电磁吸盘电流足够大，则欠电流继电器KID动作，其动合触点闭合，表示电磁吸盘吸力足以将工件吸牢，这时才可以分别操作控制按钮SB_1和SB_3，从而启动砂轮电动机M_1和液压泵电动机M_3进行磨削加工。当加工结束后，分别按下停止按钮SB_2、SB_4，M_1和M_3停止旋转。

当转换开关SA_1置于"去磁"位置(SA_1开关向左)时，SA_1的触点（14-18）、（15-16）以及（3-4）接通，电磁吸盘YH通入较小的反向电流进行去磁（因为并联了去磁电阻R_1）。

去磁结束，将转换开关SA_1置于"放松" 位置（SA_1开关置中），SA_1所有触点都断开，此时就可将被加工的工件取下来。若工件对去磁要求严格，则在取下工件后，还要用交流去磁器进行处理。交流去磁器是平面磨床的一个附件，在使用时，将交流去磁器插在床身备用插座X_2上，再将工件放在交流去磁器上来回移动若干次，即可完成去磁任务。

下面介绍电磁吸盘保护环节。

● 电磁吸盘的欠电流保护。为了防止在磨削过程中，电磁吸盘回路出现失电或线圈电流减小，引起电磁吸力消失或吸力不足，造成工件飞出，引起人身与设备事故，在电磁吸盘线圈电路中串入欠电流继电器KID作欠电流保护。若励磁电流正常，则只有当直流电压符合设计要求，电磁吸盘具有足够的电磁吸力时，KID的动合触点才能闭合，为启动M_1、M_3电动机进行磨削加工作准备，否则不能开动磨床进行加工。若在磨削过程中出现线圈电流减小或消失，则欠电流继电器KID将因此而释放，其动合触点断开，KM_1、KM_2失电，M_1、M_2、M_3电动机立即停转，避免事故发生。

● 电磁吸盘线圈的过电压保护。由于电磁吸盘线圈匝数多、电感大，在得电工作时，线圈中储存着大量磁场能量。因此，当线圈脱离电源时，线圈两端将会产生很大的自感电动势，出现高电压，使线圈的绝缘及其他电气设备损坏。为此，在线圈两端并联了电阻R_1，作为放电电阻，以吸收线圈储存的能量。

●电磁吸盘的短路保护。短路保护由熔断器FU_4来实现。

●整流装置的过电压保护。交流电路产生过电压和直流侧电路通断时，都会在整流变压器T_2的二次侧产生浪涌电压，该浪涌电压对整流装置UR有害。为此，应在T_2的二次侧接上RC阻容吸收装置，以吸收尖峰电压，同时通过电阻R来防止产生振荡。

（3）照明电路。照明电路中照明变压器T_1将380V降为24V的安全电压，供给照明电路。照明灯EL一端接地，并由开关SA_2控制。熔断器FU_3作为照明电路的短路保护。照明变压器一次侧由熔断器FU_2作为短路保护。

我们在分析M7130型磨床电气控制电路时，可根据电动机$M_1 \sim M_3$主回路控制元件的文字符号KM_1、KM_2，在图4.6中可找到KM_1、KM_2的线圈回路，由此可得电动机$M_1 \sim M_3$的控制回路。在KM_1、KM_2线圈回路串联有动合触点SA_1（3-4）和动合触点KID(3-4)的并联电路。在图4.6中，由图区10可以看出，SA_1（3-4）为转换开关SA_1的一个动合触点；由图区11可以看出，KID(3-4)为欠电流继电器KID的一个动合触点。

根据电磁吸盘的文字符号YH，在图4.6的图区9～12中可以找到电磁盘控制电路，通过转换开关SA_1控制吸合、去磁。

由图4.7和图4.8可以看出，$M_1 \sim M_3$控制回路和电磁吸盘控制回路通过转换开关SA_1和欠电流继电器KID进行联系。当SA_1扳到"吸合"、"去磁"位置时，可使吸盘工作，触点SA_1（3-4）断开，欠电流继电器KID得电吸合，其动合触点KID（3-4）闭合，方可通过KM_1、KM_2启动电动机$M_1 \sim M_3$。若将开关SA_1扳到"放松"位置，则电磁吸盘不工作，KID线圈不吸合，其动合开关KID（3-4）不闭合，但SA_1（3-4）闭合，此时也可以通过KM_1、KM_2启动电动机$M_1 \sim M_3$，以进行机床的调整试车。

T68型镗床电气控制电路有何特点?

答: T68型卧式镗床的电气控制电路如图4.9所示。

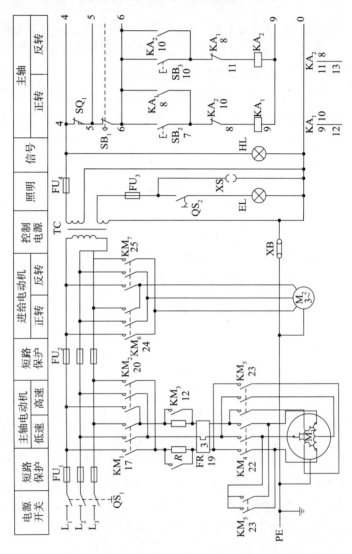

图4.9 T68型卧式镗床电气控制电路

　第4章　电动机控制电路典型应用

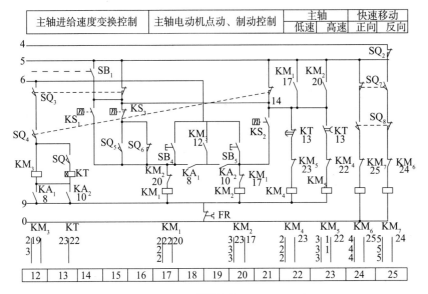

续图4.9

T68镗床有以下三种运动形式：

（1）主运动：镗轴和花盘的旋转运动。

（2）进给运动：镗轴的轴向移动，平旋盘刀具溜板的径向移动，镗头架的垂直移动，工作台的纵向移动和横向移动。

（3）辅助运动：工作台的旋转，后立柱的轴向移动和尾架的垂直移动以及镗头架、工作台的快速移动。

T68型卧式镗床有2台电动机，一台是主轴电动机M_1，这是一台双速笼形异步电动机，它通过变速箱等传动机构带动主轴及花盘旋转并作为常速进给的动力，同时还带动润滑油泵，可进行点动或连续正反转控制；另一台电动机M_2是快速进给电动机，它带动主轴完成轴向进给、主轴箱垂直进给、工作台横向和纵向进给等快速移动，因它是短时工作，故没有采用热继电器进行过载保护。

 ## T68型镗床电气控制电路是如何工作的？

答：T68型卧式镗床的电气控制电路比较复杂，主要应抓住主轴电动机的控制、快速移动电动机M₂的控制和联锁保护装置等电路进行分析。

（1）主轴电动机的控制。

●主轴电动机M₁正反转控制。按下按钮SB₂，中间继电器K₁因线圈获电而吸合，KA₁动合触点闭合自锁，KA₁动断触点分断联锁，KA₁另一组动合触点（12图区）闭合，使接触器KM₃线圈得电吸合(此时限位开关SQ₄和SQ₃已被操纵手柄压合)，KM₃主触点闭合，将制动电阻R短接，KM₃动合辅助触点闭合（18与19图区间），接触器KM₁线圈得电吸合，KM₁主触点闭合，接通电源；KM₁动合辅助触点（22图区）闭合，KM₄线圈得电吸合，KM₄主触点闭合，电动机M₁按△连接正向启动。

按钮SB₃控制反转，其工作原理与正向运转相似，请读者自行分析。

●主轴电动机M₁点动控制。按下按钮SB₄（或SB₅），接触器KM₁（或KM₂）线圈得电吸合，KM₁（或KM₂）动合触点（22图区）闭合，接触器KM₄线圈得电吸合，KM₁（或KM₂）和KM₄主触点闭合，电动机M₁接成三角形（△）并串限流电阻R进行低速点动，同步转速为1500r/min。

●主轴电动机M₁制动控制。T68镗床主轴电动机停车制动采用速度继电器KS₁、串联电阻R的双向低速反接制动。

当电动机M₁正向运转，且速度达到120r/min以上时，速度继电器KS₂动合触点闭合，为停车制动做好准备。若要停车制动，就按下按钮SB₁，中间继电器K₁和接触器KM₃线圈得电释放，KM₃动合触点断开，KM₁线圈断电释放，KM₁动合触点断开，KM₄线圈断电释放，由于KM₁和KM₄主触点分断，电动机M₁断电作惯性运转。与此同时，接触器KM₂和KM₄线圈得电吸合，KM₂和KM₄主触点闭合，电动机M₁串联电阻R而反接制动，当转速降至120r/min时，速度继电器KS₂动合触点断开，接触器KM₂和KM₄线圈断电释放，电动机M₁停转，反接制动结束。

若电动机M₁反转时，由速度继电器的另一组动合触点KS₁协同制动，工作原理与正转的反接制动相似，请读者自行分析。

●主轴电动机M_1的正反转高速控制。低速运转时主轴电动机M_1定子绕组为三角形接法，转速为1500r/min；高速时定子绕组为YY接法，转速为2900r/min。

主轴电动机M_1作三角形连接运行时，变速手柄在"低速"位置，使变速行程开关SQ处于分断状态，时间继电器KT线圈断电，接触器KM_5线圈也断电，电动机M_1只能由接触器KM_4接成△连接。

当需要电动机M_1高速正向运行时，先将变速手柄扳在"高速"位置，使行程开关SQ闭合，然后按下按钮SB_2，接触器KM_1线圈得电吸合，KT和KM_3线圈同时得电吸合。由于KT两组触点延时动作，故KM_4线圈先得电吸合，电动机M_1接成△形而低速启动，以后KT动断触点延时分断，KM_4线圈断电释放，KT动合触点延时闭合，KM_5线圈得电吸合，电动机M_1接成"YY"高速(约2900r/min)运行。

高速反转由反向启动按钮SB_3控制，工作原理与高速正向控制相似，请读者自行分析。

●主轴变速及进给变速冲动控制。主轴变速和进给变速冲动是通过操作各自的变速操纵手柄改变传动链的传动比来实现的。

当主轴在正转时欲要变速，可不必按SB_1，只要将主轴变速操纵盘的操作手柄拉出，与变速手柄有机械联系的行程开关SQ_4不再受压而分断，KM_3和KM_4线圈先后断电释放，电动机M_1断电作惯性运动，由于行程开关SQ_4动断触点闭合，KM_2和KM_4线圈得电吸合，电动机M_1串接电阻R而反接制动。速度继电器KS_2动合触点分断，这时便可转动变速操纵盘进行变速，变速后，将变速手柄推回原位。SQ_4重新压合，接触器KM_3、KM_1和KM_4线圈得电吸合，电动机M_1启动，主轴以新选定的速度运转。

变速时，若齿轮卡住而手柄推不上，此时变速冲动行程开关SQ_6被压合，速度继电器的动断触点KS_3也恢复闭合，接触器KM_1线圈得电吸合，电动机M_1启动。当速度高于120r/min时，KS_3又分断，KM_1线圈断电释放，电动机M_1又断电。当速度降到120r/min时，KS_3又恢复闭合，KM_1线圈又得电吸合，电动机M_1再次启动，重复动作，直至齿轮啮合后，方能推合变速操纵手柄，变速冲动结束。

进给变速控制与主轴变速控制过程基本相同，只是在进给变速时，拉出的操纵手柄是进给变速操纵手柄。

（2）快速移动电动机M_2的控制及联锁保护装置。

●快速移动电动机M_2的控制。主轴的轴向进给，主轴箱(包括尾架)的垂直进给，工作台的纵向和横向进给等快速移动，都是由电动机M_2通过齿轮、齿条等来完成的。将快速移动操纵手柄向里推时，压合行程开关SQ_8，接触器KM_6线圈得电吸合，电动机M_2正转启动，实现快速正向移动。将快速移动操纵手柄向外拉时，SQ_7压合，KM_7线圈得电吸合，电动机M_2反向快速移动。

●联锁保护装置。为了防止在工作台或主轴箱自动快速进给时出现将主轴进给手柄扳到自动快速进给的误操作，采用了与工作台和主轴箱进给手柄有机械连接的行程开关SQ_8(在工作台后面)。当上述手柄扳至工作台(或主轴箱)自动快速进给的位置时，SQ_8受压分断。同样，在主轴箱上还装有另一个行程开关SQ_7，它与主轴进给手柄有机械连接，当这个手柄动作时，SQ_7也受压分断。电动机M_1和M_2必须在行程开关SQ_8和SQ_7中有一个处于闭合状态时，才可以启动。如果工作台(或主轴箱)在自动进给（SQ_8分断）时，再将主轴进给手柄扳到自动进给位置（SQ_7也分断），电动机M_1和M_2都自动停转，从而达到联锁保护的目的。

（3）照明和辅助指示电路。控制变压器TC的二次侧分别输出24V和6V电压，作为机床照明灯和指示灯的电源。H_1为机床电源指示灯，机床接通电源后，指示灯H_1亮。EL为机床的低压照明灯，由开关QS_2控制，FU_3作为短路保护。

C5225立式车床电气控制电路是如何工作的?

答：图4.10所示为C5225型立式车床电气控制电路。

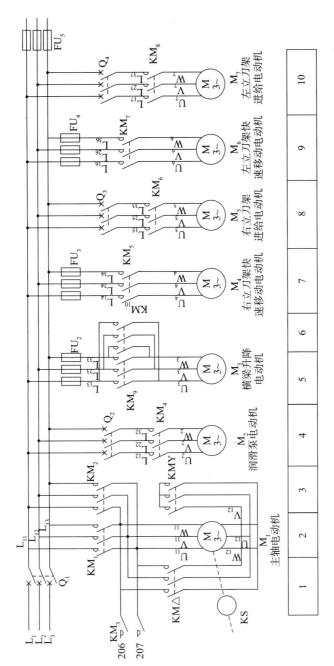

图4.10 C5225型立式车床电气控制电路

续图 4.10

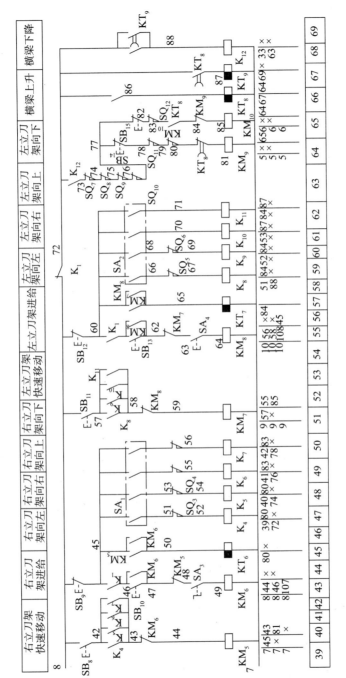

续图 4.10

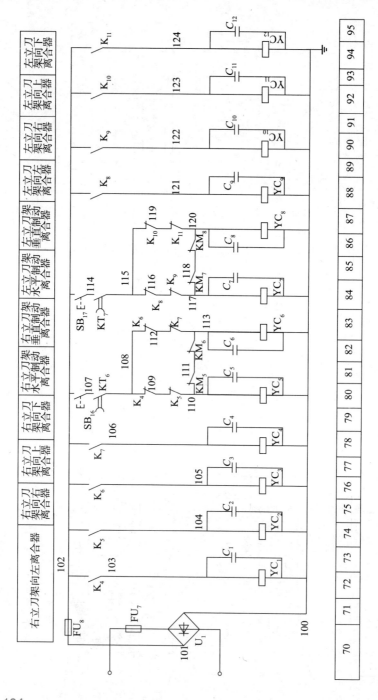

第4章 电动机控制电路典型应用

续图4.10

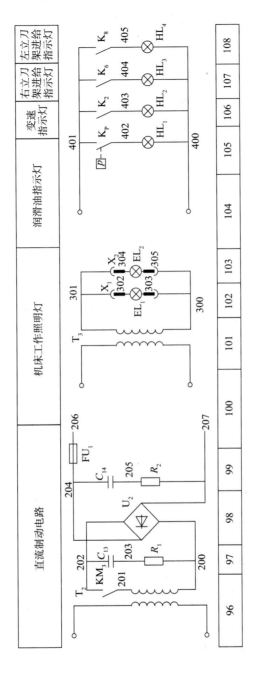

续图4.10

（1）主回路。主回路共有7台电动机，全部由380V交流电源供电。

• M_1 为主轴电动机。工作时，由接触器 KM_1 接通和断开它的正转电源，接触器 KM_2 接通和断开它的反转电源。接触器 KM_Y 是作为主轴电动机 M_1 启动时将其绕组接成Y形接法的接触器，接触器 $KM_\triangle$ 则是主轴电动机 M_1 在全压运行时将其绕组接成△形接法的接触器。车床速度继电器KS和接触器 KM_3 及桥式整流能耗制动电路（96～100区）组成了主轴电动机 M_1 的能耗制动电路。自动空气开关 Q_1 既是机床的电源总开关，又担负着主轴电动机 M_1 的短路保护及过载保护职责。

• M_2 为润滑油泵电动机，主要供给机床工作台润滑油及液压系统的压力油，它只能单向运转。油泵电动机 M_2 由自动空气开关 Q_2 和接触器 KM_4 控制接通和断开它的电源，自动空气开关 Q_2 还担任着油泵电动机 M_2 的过载保护和短路保护，接触器 KM_4 的主触点是润滑泵电动机 M_2 电源的接通和断开触点。

• M_3 为横梁升降电动机，它可正反转动，带动横梁沿立柱导轨上下移动。接触器 KM_9 的主触点为电动机 M_3 正转电源的接通和断开触点，控制 M_3 正转，通过机械传动使横梁沿立柱上升；接触器 KM_{10} 的主触点为电动机 M_3 反转电源的接通和断开触点，控制 M_3 反转，通过机械传动使横梁沿立柱下降。熔断器 FU_2 为横梁升降电动机 M_3 的短路保护。

• M_4 为右立刀架快速移动电动机，它只能单向运转，带动右立刀架快速移动，接触器 KM_5 的主触点为电动机 M_4 正转电源的接通和断开触点，控制它的电源通断。FU_3 是 M_4 的短路保护元件。

• M_5 为右立刀架进给电动机，它只能单向运转，带动右立刀架工作进给，由自动空气开关 QF_3 和接触器 KM_6 控制它的电源通断，自动空气开关 Q_3 担负着 M_5 的短路保护和过载保护。

• M_6 为左立刀架快速移动电动机，它只能单向运转，带动左立刀架快速移动，由 KM_7 控制它的电源通断，FU_4 为它的短路保护。

• M_7 为左立刀架进给电动机，它只能单向运转，带动左立刀架工作进给，由自动空气开关 Q_4 和接触器 KM_8 控制它的电源通断，自动空气开关Q_4担负着M_7的短路保护和过载保护。

（2）控制电路。C5225型立式车床控制电路，从第12区开始至108区分别为各个控制元件所在的区位号，下面逐一进行分析。

● 润滑油泵电动机M_2的控制。由于C5225型立式车床属于大型机床，且加工工件时工作台上有很大的重量，如果缺少润滑油，将会使机床发生重大事故，故在主轴电动机M_1启动之前要先将油泵电动机M_2启动，待机床润滑状况良好后，主轴电动机和其他电动机才能启动。在电气联锁上，车床也只有在润滑油泵电动机M_2启动后，主轴电动机和其他电动机才能启动运转。

当机床需要启动时，合上电源总开关Q_1，再合上自动空气开关Q_2，接通接触器KM_4线圈回路中各自的辅助触点。按下油泵电动机M_2启动按钮SB_2（13区），接触器KM_4得电闭合并自锁，其主触点接通油泵电动机M_2的电源，油泵电动机M_2启动运转，供给机床工作台润滑油及液压系统的压力油，压力继电器的触点压合，润滑油指示灯HL_1亮（105区），表明机床润滑良好。在接触器KM_4主触点闭合及自锁的同时，另一组动合辅助触点（14区）接通了主轴电动机M_1和其他电动机控制回路的电源，使其他电动机能够启动运转。

当需要M_2停止运转时，按下润滑油泵电动机M_2的停止按钮SB_1，接触器KM_4线圈断电，润滑油泵电动机M_2停转。

● 主轴电动机M_1的控制。

主轴电动机M_1的Y-△降压启动运行控制。按下主轴电动机M_1的启动按钮SB_4（15区），中间继电器K_1线圈得电吸合并自锁，K_1动合触点（18区）闭合，接通接触器KM_1线圈的电源，KM_1线圈得电吸合，其动合触点（23区）闭合，接通接触器KM_Y线圈的电源，KM_Y闭合，接触器KM_1和KM_Y的主触点将主轴电动机M_1的绕组接成星形接法，M_1星形降压启动。在中间继电器K_1闭合的同时，K_1的另一组常开辅助触点（21区）闭合，将时间继电器KT_1线圈接通，KT_1通电延时，经过一定时间，当主轴电动机转速升至一定速度时，时间继电器KT_1的动断延时断开触点（24区）首先断开，动合延时闭合触点（26区）闭合，断开了接触器KM_Y线圈的电源，同时接通接触器$KM_\triangle$的电源，此时接触器KM_1和接触器$KM_\triangle$的主触点将主轴电动机M_1的定子绕组接成△连接，M_1从Y形降压启动转换到△了形全压运行。

由于接触器KM_Y和$KM_\triangle$在各自的线圈回路中串接了对方的动断触点，使得M_1在降压启动时，接触器$KM\triangle$不能得电闭合；当KM_1转换到了△形全压运行时，接触器KM_Y不能得电闭合。

主轴电动机M_1的正反转点动车床控制。在正常加工过程中，主轴电动机只需要正向运转。主轴电动机M_1的正反转点动主要用于调整工件位置。当工作台需要正转点动时，按下正转点动按钮SB_5（17区），接触器KM_1线圈得电吸合并接通接触器KM_Y线圈电源（24区），接触器KM_1和KM_Y将主轴电动机M_1绕组接成Y形接法，主轴电动机带动工作台正向旋转。松开SB_5，工作台正转停止。同理，按下反转点动按钮SB_6（20区），接触器KM_2线圈得电吸合并接通接触器KM_Y线圈电源，主轴电动机M_1带动工作台反向旋转。松开SB_6，工作台反转停止。

主轴电动机M_1的能耗制动控制。KM_1的能耗制动控制不是单独设立的，而是与主轴电动机M_1的停止合为一体的。在M_1停止时，能耗制动贯穿于停止的过程中。

当主轴电动机M_1启动运转且其转速达到120r/min时，速度继电器KS的动合触点（22区）闭合，为主轴电动机M_1停车制动做好了准备。需要停车时，按下停止按钮SB_3（15区），中间继电器K_1线圈（15区）、接触器KM_1线圈（17区）、时间继电器K_1线圈（21区）、接触器$KM_\triangle$线圈（26区）先后失电断开，接触器KM_1切断了主轴电动机M_1的电源，也接通了KM_3线圈回路的电源，KM_3得电吸合，主触点接通了桥式整流能耗制动电路（96～100区），使主轴电动机M_1进行能耗制动，工作台速度迅速下降。当主轴电动机M_1的转速下降至100r/min以下时，速度继电器KS的动合触点断开，接触器KM_3线圈断电释放，断开桥式整流能耗制动电路，结束主轴电动机M_1的制动过程。

工作台的变速控制。主轴电动机M_1拖动的工作台变速控制电路位于28～32区及34～38区。工作台的变速控制是通过改变变速开关SA的位置，电磁铁YA$_1$~YA$_4$（35~38区）和液压传动机构推动齿轮来完成的。工作台变速开关SA的SA-1、SA-2、SA-3、SA-4触点分别控制电磁铁YA$_1$、YA$_2$、YA$_3$、YA$_4$线圈电压的通断。扳动转换开关SA的位置，可得出电磁铁YA$_1$、YA$_2$、YA$_3$、YA$_4$不同组合的通断，从而得到工作台各种不同的转速。表4.5列出了SA在不同状态下，YA$_1$~YA$_4$线圈不同的接通情况及工作台不同转速的情况。

表4.5 SA通断情况及转速表

电磁铁	SA开关触点	花盘各级转速电磁铁及SA通断情况（"+"表示接通，"−"表示断开）															
		2	5.5	3.4	4	6	6.3	8	10	15.5	16	20	25	31.5	40	50	63
YA$_1$	SA-1	−	+	+	−	+	−	+	−	+	−	+	−	+	−	+	−
YA$_2$	SA-2	+	+	−						+	+		+	+	−	−	
YA$_3$	SA-3	+	+										+	+			
YA$_4$	SA-4	+	+	−	+	−	+	−	+								

当工作台需要变速时，将SA扳至所需的转速位置，然后按下工作台变速启动按钮SB$_7$（31区），中间继电器K$_3$闭合，其动合触点自锁（32区），时间继电器KT$_4$闭合，同时中间继电器K$_3$动合触点（34区）闭合，接通锁杆油路定位电磁铁YA$_5$线圈的电源，定位电磁铁YA$_5$动作，接通锁杆油路，压力油进入锁杆油缸，将锁杆抬起，并接通车床变速油路。锁杆抬起又压合位置开关SQ$_1$，SQ$_1$的动合触点（28区）闭合，中间继电器K$_2$（28区）和时间继电器KT$_2$（29区）得电吸合。中间继电器K$_2$的动合触点（106区）闭合，变速指示灯HL$_2$亮，同时35区的动合触点闭合，通过SA接通了相应的电磁铁，压力油进入了相应的油缸，使拉杆和拨叉推动变速工作台得到相应的转速。时间继电器KT$_2$闭合后，经过一定时间，其延时闭合常开触点（30区）闭合，时间继

电器KT₃得电闭合，其瞬时动合触点（19区）闭合，使得接触器KM₁和KMγ先后得电闭合，接通主轴电动机M₁电源，M₁短时启动运转，促使变速齿轮啮合。在时间继电器KT₃得电闭合一定时间后，其延时断开的常闭触点（29区）断开，使得时间继电器KT₂线圈失电断开，KT₂的延时闭合动合触点反过来又切断时间继电器KT₃线圈回路的电源，KT₃线圈失电断开，使得接触器KM₁、KMγ线圈失电释放，主轴电动机M₁停转。

KT₃失电后，其29区延时断开的常闭触点闭合，又接通了KT₂线圈回路电源，KT₂又得电闭合，又使主轴电动机M₁开始短时启动运转的动作。当齿轮啮合后，机械锁杆复位，松开位置开关SQ₁，SQ₁复位，中间继电器K₂、时间继电器KT₂、KT₃及电磁铁YA₁～YA₄断电，完成了工作台的变速。

● 横梁升降电动机M₃的控制。横梁是由夹紧机构将其夹紧在立柱上的，所以横梁在升降前必须先放松横梁的夹紧装置。放松横梁的夹紧装置由液压系统来完成。

横梁上升，按下横梁上升控制按钮SB₁₅（65区），中间继电器K₁₂线圈（68区）得电吸合，其动合触点（63区、33区）闭合。其33区的动合触点闭合，接通横梁放松电磁铁YA₆线圈回路，YA₆得电动作，接通液压系统油路，使横梁夹紧机构放松，位置开关SQ₇、SQ₈、SQ₉、SQ₁₀（63区）复位闭合，接通接触器KM₉线圈回路电源，KM₉闭合，其主触点闭合，横梁升降电动机M₃正向启动运转，带动横梁上升。当横梁上升到需要高度时，松开SB₁₅，中间继电器K₁₂失电断开(68区)，接触器KM₉失电断开，横梁升降电动机M₃停转，横梁停止上升。同时33区和63区中间继电器K₁₂动合触点断开，电磁铁YA₆断电释放复位，接通夹紧液压系统油路，使夹紧装置将横梁夹紧在立柱上，完成横梁上升控制过程。

当需要横梁下降时，按下横梁升降电动机M₃的反向启动按钮（横梁下降按钮）SB₁₄（64区），断电延时时间继电器KT₈（66区）线圈得电，其67区瞬时闭合延时断开动合触点闭合，断电延时时间继电器KT_9得电吸合，其69区瞬时闭合延时断开触点闭合，使中间继电器K_{12}得电吸合。KA_{12}常开触点（33区）闭合，接通了YA_6电磁铁线圈电源，YA_6得电动作，液压系统将横梁放松，使位置开关SQ_7、SQ_8、SQ_9、SQ_{10}（63区）复位闭合，接通了接触器KM_{10}的线圈回路电源（65区），接触器KM_{10}闭合，其主触点闭合，横梁升降电动机反转，带动横梁下降。当横梁下降到一定高度时，松开SB_{14}，时间继电器KT_8失电，KT_8动合触点（67区）通电瞬时闭合，断电延时断开触点断开，切断时间继电器KT_9线圈电源，断电延时时间继电器失电释放。由于KT_9动合触点（69区）的延时作用，使中间继电器K_{12}仍获电，这样，接触器KM_9便得电吸合，横梁电动机M_3正转。这时由于横梁下降后尚未夹紧，所以横梁将短时回升，主要是为了消除蜗轮与蜗杆的啮合间隙。当KT_9的常开触点延时断开后，KA_{12}线圈断电释放，横梁夹紧。

• 刀架控制。

右立刀架快速移动电动机M_4的控制。将十字选择开关SA_1（47～50区）扳至向左位置，让47区的动合触点吸合，使中间继电器K_4得电闭合，其动合触点（72区）闭合，接通右立刀架向左离合器YC_1电磁铁线圈电源，YC_1闭合，右立刀架向左离合器齿轮啮合，为右立刀架向左快速移动做好准备。按下右立刀架快速移动电动机M_4启动按钮SB_8（39区），接触器KM_5得电吸合，右立刀架快速移动电动机M_4启动运转，带动右立刀架快速向左移动。松开启动按钮SB_8，接触器KM_5断电，右立刀架快速移动电动机M_4停转，右立刀架停止移动。

同理，将十字选择开关SA_1扳至向右、向上、向下，分别可使右立刀架各移动方向电磁离合器YC_2～YC_4（74～79区）动作，使右立刀架向右、向上、向下快速移动。

左立刀架的快速移动控制。它的各移动方向是通过十字选择开关SA_2（59～62区）扳至不同方位控制离合器YC_9～YC_{12}（89～95区）的通断及由左立刀架快速移动电动机M_6启动按钮SB_{11}（51区）控制M_6来实现的。其工作原理与右立刀架向左快速移动相同，这里不再重复叙述，请读者自行分析。

右立刀架进给电动机M_5的控制。右立刀架进给电动机M_5由接触器KM_6控制其电源的通断，它的控制电路在43区和44区。工作台拖动电动机M_1启动后，中间继电器K_1闭合，K_1动合触点（43区）闭合，合上单极开关SA_3（43区），按下右立刀架进给电动机M_5的启动按钮SB_{10}，接触器KM_6得电吸合并自锁，其主触点接通右立刀架进给电动机M_5的电源，M_5启动运转，带动右立刀架工作进给。按下右立刀架进给电动机M_5的停止按钮SB_9，接触器KM_6断电释放，其主触点断开，M_5停止运转，进给停止。

同理，可分析左立刀架进给电动机M_7的控制过程，它由接触器KM_8控制其电源的通断，其控制电路在55区和56区，请读者自行分析。

左、右立刀架快速移动和进给制动控制。在上述左、右立刀架快速移动控制和左、右立刀架进给控制的过程中，当接通接触器KM_5或KM_6及接触器KM_7或KM_8时，断电延时时间继电器KT_6（45区）或KT_7（57区）将会闭合，其瞬时闭合延时断开触点KT_6（80区）、KT_7（84区）闭合，在松开左、右立刀架快速移动按钮及按下左、右立刀架进给停止按钮时，时间继电器KT_6、KT_7断电延时，在一定时间内，其80区和84区的瞬时闭合延时断开触点仍然闭合。当停止左、右立刀架快速移动和左、右立刀架进给运动时，由于惯性的作用，左、右立刀架快速移动和左、右刀架进给运动不能立即停止，此时只需分别按下左、右立刀架垂直和水平制动离合器按钮SB_{16}（80区）或SB_{17}（84区），将分别接通对应的制动离合器YC_5、YC_6、YC_7、YC_8（80区~87区）线圈电源，使制动离合器动作，对左、右立刀架的快速移动和进给进行制动。

（3）各运动联锁控制。

● 工作台运转与工作台变速系统及横梁的升降通过中间继电器K_1和位置开关SQ_1进行联锁，当主轴电动机带动工作台运转时，KA_1的动断触点（28区）断开，车床工作台变速系统断电，中间继电器K_1另一动断触点（59区）断开，切断横梁升降电路。工作台在变速时由锁杆压动行程开关SQ_1（15区）断开，工作台也不能启动。

● 位置开关SQ₃、SQ₄为右立刀架左、右运动的限位保护，SQ₅、SQ₆为左立刀架左、右运动的限位保护，SQ₁₁、SQ₁₂为横梁上、下限位保护。

（4）工作照明和工作信号控制。机床工作照明和工作信号电路在101区~108区。EL₁、EL₂为机床工作照明灯（102区，103区）。HL₁为机床润滑油正常指示灯，当M₂运行时，压力继电器KP（105区）的动合触点吸合，HL₁点亮。HL₂为工作台变速指示灯，当工作台变速时，中间继电器K₂（28区）得电，其动合触点吸合（106区），HL₂点亮。HL₃为右立刀架进给指示灯（107区）。HL₄为左立刀架进给指示灯（108区），当接触器KM₈主触点闭合，左立刀架进给电动机M₇启动运行时，HL₄点亮。

 Y3150型滚齿机电气控制电路是如何工作的？

答：Y3150型滚齿机电路如图4.11所示。

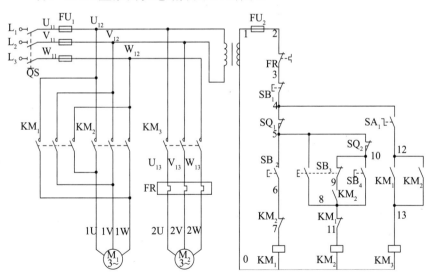

图4.11 Y3150型滚齿机电气控制电路

（1）主轴电动机M₁的控制。按下启动按钮SB₄，接触器KM₂得电吸合并自锁，其主触点闭合，电动机M₁启动运转，按下停止按钮SB₁，接触器KM₂失电释放，M₁停止运转。

按下点动按钮SB₂，KM₁得电吸合，电动机M₁反转，使刀架快速向下移动；松开SB₂，KM₁失电释放，M₁停止运转。

按下点动按钮SB₃，其动合触点SB₃（5-8）闭合，使KM₂得电吸合，其主触点闭合，电动机M₁正转，使刀架快速向上移动，SB₃的动断触点SB₃（9-10）断开，切断KM₂的自锁回路；松开SB₃，KM₂失电释放，电动机M₁失电停止运转。

（2）冷却泵电动机M₂的控制。冷却泵电动机M₂只有在主轴电动机M₁启动后，闭合旋钮开关SA₁，使KM₃得电吸合，其主触点闭合，电动机M₂才能启动，供给冷却液。

在KM₁和KM₂线圈回路中有行程开关SQ₁。SQ₁为滚刀架工作行程的极限开关，当刀架超过工作行程时，撞铁撞到SQ₁，其动断触点SQ₁（4、5）断开，切断KM₁、KM₂的控制回路电源，使机床停车。这时若要开车，则必须先用机械手柄把滚刀架摇到使挡铁离开行程开关SQ₁，让行程开关SQ₁（4、5）复位闭合，机床才能工作。

在KM₂线圈回路中还有行程开关SQ₂。SQ₂为终点极限开关，当工件加工完毕时，装在刀架滑块上的挡铁撞到SQ₂，使其动断触点（5-10）断开，KM₂断电释放，电动机M₁自动停车。

行程开关SQ₁需要手动复位，SQ₂可自动复位。

M1432万能外圆磨床电气控制电路是如何工作的？

答：M1432A型万能外圆磨床的电气控制电路如图4.12所示。主回路中有5台电动机，整个控制回路中有5条独立的小回路，对电路中的每一个回路、电器中的每一个触点的作用都应了解清楚，为分析控制过程做准备。控制电源是由控制变压器TC将380V交流电压降为110V、24V和6V，其中110V电压供给控制回路，24V供给照明电路，6V作为信号电路的电源。

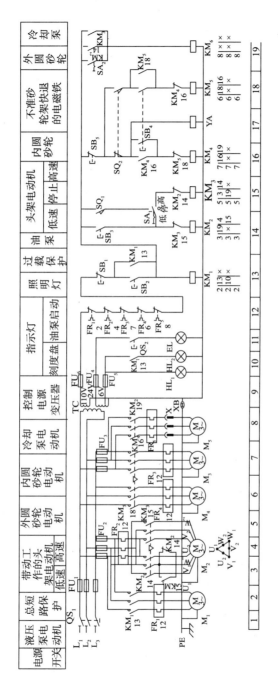

图 4.12　M1432A 型万能外圆磨床的电气控制电路

（1）主回路。M1432A万能外圆磨床主要用于内（外）圆表面的磨削加工，它的主回路共使用了5台电动机。其中，M_1为液压泵电动机，给液压传动系统供给压力油；M_2为头架电动机，它能带动工件旋转，采用的是一台双速电动机；M_3为内圆砂轮电动机；M_4为外圆砂轮电动机；M_5为冷却泵电动机。这5台电动机设置有短路和过载保护元件。

（2）控制回路。

● 液压泵电动机M_1的控制。M1432A型万能外圆磨床砂轮架的横向进给、工作台纵向往复进给及砂轮架快速进退等运动，都是采用液压传动，液压传动时需要的压力油由电动机M_1带动液压泵供给。

启动时/按下启动按钮SB_2，接触器KM_1线圈得电吸合，KM_1主触点闭合，液压泵电动机M_1启动。

除了接触器KM_1之外，其余的接触器所需的电源都从接触器KM_1的自锁触点后面接出，所以只有当液压泵电动机M_1启动后，其余的电动机才能启动。

● 头架电动机M_2的控制。头架是安装工件和使工件转动的部分。根据工件直径的大小和粗磨或精磨的不同，头架的转速是需要调整的，一般是采用塔式带轮调换转速。

M1432A型万能外圆磨床采用了双速电动机和塔式带轮，这样可得到更宽的调速范围和加倍的调速级数。

图4.12中，SA_1是转速选择开关，分"低"、"停"、"高"三挡位置。如果将SA_1扳到"低"挡的位置，按下液压泵电动机M_1的启动按钮SB_2，接触器KM_1线圈得电吸合，液压泵电动机M_1启动，通过液压传动使砂轮架快速前进，当接近工件时压合行程开关SQ_1，接触器KM_2线圈得电吸合，它的主触点将头架电动机M_2的绕组接成△连接，电动机M_2低速运转。同理若将转速选择开关SA_1扳到"高"挡位置，砂轮架快速前进压合行程开关SQ_1，接触器KM_3线圈得电吸合，它的主触点闭合将头架电动机M_2接成YY连接，电动机M_2高速运转。

SB_3是点动按钮，便于对工件进行校正和调试。磨削完毕，砂轮架退回原处，行程开关SQ_1复位断开，电动机M_2自动停转。

●内、外圆砂轮电动机M_3和M_4的控制。内圆砂轮电动机M_3由接触器KM_4控制，外圆砂轮电动机M_4由接触器KM_5控制。内、外圆砂轮电动机不能同时启动，由行程开关SQ_2对它们进行联锁。当进行外圆磨削时，把砂轮架上的内圆磨具往上翻，它的后侧压住行程开关SQ_2，SQ_2的动合触点闭合，按下启动按钮SB_4，接触器KM_5线圈得电吸合，外圆砂轮电动机M_4启动。若进行内圆磨削时，将内圆磨具翻下，行程开关SQ_2复原，按下启动按钮SB_4，接触器KM_4线圈得电吸合，内圆砂轮电动机M_3启动。内圆砂轮磨削时，砂轮架是不允许快速退回的，因为此时内圆磨头在工件的内孔，砂轮架若快速移动易造成损坏磨头及工件报废的严重事故。为此，内圆磨削与砂轮架的快速退回进行联锁。

当内圆磨具翻下时，由于行程开关SQ_2复位，使电磁铁YA线圈得电吸合，砂轮架快速进退的操纵手柄锁住液压回路，使砂轮架不能快速退回。

●冷却泵电动机M_5的控制。当接触器KM_2或KM_3线圈得电触点吸合时，头架电动机M_2启动，同时由于KM_2或KM_3的动合辅助触点闭合，接触器KM_6线圈得电吸合，冷却泵电动机M_5启动。修整砂轮时，不需要启动头架电动机M_2，但要启动冷却泵电动机M_5。因此，备有转换开关SA_2，以便在修整砂轮时用来控制冷却泵电动机。

（3）电路保护及照明指示。

5台电动机分别配有热继电器FR_1、FR_2、FR_3、FR_4和FR_5作为过载保护，熔断器FU_1、FU_2和FU_3作为短路保护。

控制回路中还装有刻度指示灯HL_1、液压泵启动指示灯HL_2和机床照明灯EL。QS_2为24V机床照明灯的开关。

M1432A型万能外圆磨床的5台电动机都不能启动，如何检修？

答：（1）检查总熔断器FU_1的熔体是否熔断。

（2）分别检查5台电动机所属的热继电器是否脱扣，因为只要有

1台电动机过载，它的热继电器脱扣就会使整个控制回路的电源被切断，若遇此情况待热继电器复位后便可修复，但要查明这台电动机过载的原因，并予以修复。

（3）检查接触器KM₁的线圈接线端是否脱落或断路；启动按钮SB₂和停止按钮SB₁的接线是否脱落、接触是否良好等，这些故障都会造成接触器KM₁不能吸合及液压泵电动机M₁不能启动，其余4台电动机也因此不能启动。

T612卧式镗床电气控制电路是如何工作的？

答：图4.13所示为T612卧式镗床电气控制电路。

电源开关	主轴电动机	快移电动机	工作台回转电动机	油泵电动机	进给控制电磁铁	控制电源	工作照明

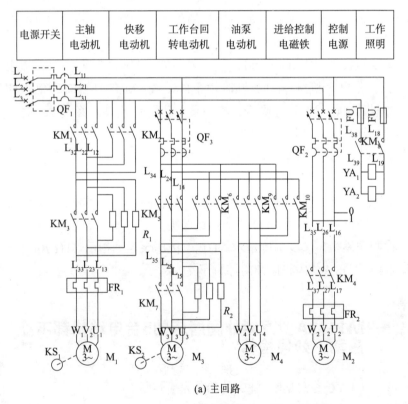

(a) 主回路

图4.13　T612卧式镗床电气控制电路

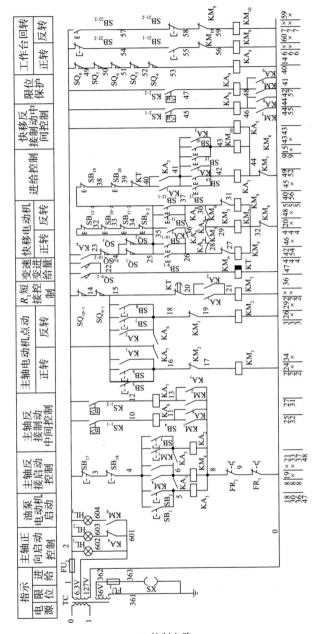

(b) 控制电路

续图4.13

（1）主回路。T612型卧式镗床主回路采用380V三相交流电源供电，其控制回路、照明灯、指示灯则由控制变压器TC降压供电，电压分别为127V、36V、6.3V。

M_1为主轴电动机，由接触器KM_1、KM_2控制，KM_3用于短接制动限流电阻R_1，热继电器FR_1作为主轴电动机M_1的过载保护元件；M_2为油泵电动机，由接触器KM_4控制，热继电器FR_2用于为油泵电动机提供过载保护；M_3为快速移动电动机，由接触器KM_5、KM_6控制，KM_7用来短接反接制动电阻R_2；M_4为工作台回转电动机，由接触器KM_9、KM_{10}控制。

低压断路器QF_1是机床的电源总开关，QF_2是油泵电动机M_2和控制回路电源的开关，QF_3是快速移动电动机M_3和工作台回转电动机M_4的开关。QF_1、QF_2、QF_3均兼有短路保护和过载保护的功能。当QF_1、QF_2合上时，控制变压器TC一次绕组接通电源，操纵台上的信号指示灯HL_1亮。

（2）主轴电动机M_1的控制。

● 主轴正反转控制。由正反转启动按钮SB_1（或SB_2）、SB_3（或SB_4），正反转启动中间继电器KA_1、KA_2，正反转接触器KM_1、KM_2组成主轴启动控制电路。

按下启动按钮SB_1或SB_2，KA_1动合触点闭合，KM_1、KM_3和KM_4线圈均得电，KM_3主触点闭合短接限流电阻R_1，KM_4主触点闭合使油泵电动机M_2启动，KM_1主触点闭合使主轴电动机M_1工作，并且主轴电动机通过油泵电动机的控制接触器KM_4完成自锁，保证了机床工作时的润滑。

反向启动过程与正向启动基本相同，参与控制的电器是反向启动按钮SB_3（或SB_4）、中间继电器KA_2，反转接触器KM_2和接触器KM_3。

● 主轴停车反接制动控制。由主轴停车按钮SB_{17}（或SB_{18}），速度继电器KS_{1-1}，中间继电器KA_6、KA_7，接触器KM_1、KM_2、KM_3等组成主轴的反接制动控制电路。

如果主轴电动机M_1停车前为正向转动，KA_1、KM_4、KM_1、KM_3得电吸合，速度继电器KS_{1-1}的正转动合触点闭合，中间继电器KA_6得电并自锁，为反接制动做好准备。需要停车时，按下主轴停止按钮SB_{17}或SB_{18}，KA_1、KM_4、KM_1、KM_3线圈失电，触点释放复位，KA_6动合触点闭合使KM_2线圈得电，KM_2主触点闭合，M_1串入限流电阻R_1进行反接制动，当速度下降到100r/min时，速度继电器KS_{1-1}动合触点断开，KA_6、KM_2线圈失电，触点复位，主轴电动机M_1停车制动结束。

反向旋转时的制动过程与正向转动的制动过程基本一致，参与控制的电器是速度继电器KS_{1-2}的反转动合触点、中间继电器KA_7和接触器KM_1。

● 主轴点动控制。由正反转点动按钮SB_5（或SB_6）、SB_7（或SB_8）以及正反转接触器KM_1、KM_2组成主轴的正反转点动控制电路。

按下正向点动按钮SB_5（或SB_6），正转接触器KM_1得电，主轴电动机M_1串入限流电阻R_1低速正向旋转。松开SB_5（或SB_6），电动机通过速度继电器KS_{1-1}的正转动合触点、中间继电器KA_6、反转接触器KM_2制动停车。

反向点动与正向点动的动作过程相似，参与控制的电器是按钮SB_7（或SB_8）和接触器KM_2。

（3）限位保护。限位保护电路由中间继电器KA_4和位置开关SQ_4、SQ_5、SQ_6、SQ_7、SQ_8组成。其中SQ_4用于限制上滑座行程，SQ_5用于限制下滑座行程，SQ_6限制主轴返回行程，SQ_7限制主轴伸出移动行程，SQ_8限制主轴行程。限位位置开关均未动作时，KA_4线圈得电，其动合触点接通进给及快速移动的控制电路。

（4）进给控制。进给运动方式有自动进给和点动进给，由自动进给按钮SB_{13}（或SB_{14}）、点动进给按钮SB_{15}（或SB_{16}）、继电器KA_3、接触器KM_8和牵引电磁铁YA_1、YA_2组成进给控制电路。

按下自动进给按钮SB_{13}（或SB_{14}），继电器KA_3线圈得电并自锁，

KA_3的动合触点闭合，接通接触器KM_8线圈的电源，使牵引电磁铁YA_1、YA_2得电吸合，进给信号灯HL_3亮，表明自动进给开始。

按下点动进给按钮SB_{15}（或SB_{16}）时，接触器KM_8直接得电吸合，但不能自锁，牵引电磁铁YA_1、YA_2吸合，点动进给开始，松开SB_{15}（或SB_{16}）时，KM_8、YA_1、YA_2相继断电，点动进给停止。

（5）主轴变速与进给量变换的控制。需要主轴直接变速动作时，可拉出主轴变速手柄，让位置开关SQ_9压下，SQ_{9-1}断开，使KM_1、$KM3$线圈断电，M_1断电；SQ_{9-2}闭合使KT线圈得电，KT动断触点断开，切断控制电路电源；与此同时，KT延时闭合动断触点断开，由于惯性KS_{1-1}闭合，使KA_6、KM_2得电，M_1串入限流电阻R_1对电动机反接制动，当速度下降到$100r/min$时，速度继电器KS_{1-1}动合触点断开，KA_6、KM_2线圈失电，触点复位，主轴电动机M_1停车。

如果齿轮啮合不好，则应将变速手柄拉出，再次推入，使位置开关SQ_{9-1}触点作瞬时闭合，主轴电动机M_1作瞬时旋转，直到齿轮啮合良好。

进给量变换的工作过程与主轴变速基本相同。不同之处是拉出的是进给变速手柄，受压动作的是进给量变换位置开关SQ_{10}。

（6）快速移动电动机M_3的控制。可动机构的快速移动，通过电动机M_3来驱动。由正向快速移动按钮SB_9（或SB_{10}），反向快速移动按钮SB_{11}（或SB_{12}），正反转接触器KM_5、KM_6，限流电阻R_2及其控制接触器KM_7，速度继电器KS_2，中间继电器KA_8、KA_9等组成快速移动及快速移动制动控制电路。

按下按钮SB_9（或SB_{10}），KM_5线圈得电，其动合触点闭合，使KM_7线圈得电，KM_7主触点闭合从而短接限流电阻R_2；KM_5动断触点断开，互锁；KM_5主触点闭合，快速移动电动机M_3正转，当速度高于$120r/min$时，速度继电器KS_{2-1}闭合，KA_8线圈得电，KA_8动合触点闭合，为接触器KM_6线圈得电和M_3反接制动做好准备；同时，KA_8动断触点断开且互锁，KA_8动合触点闭合且自锁。松开按钮SB_9（或SB_{10}），

KM$_5$和KM$_7$线圈失电，触点复位，M$_3$惯性运转使KA$_5$线圈得电，KA$_5$动合触点闭合，KM$_6$线圈得电，KM$_6$主触点闭合使M$_3$串入电阻R_2反接制动，当速度下降到100r/min时，速度继电器KS$_{2-1}$动合触点断开，KA$_8$、KM$_6$线圈断电，触点复位，主轴电动机M$_3$断电停车。

反向快速移动的工作过程与正向快速移动的工作过程相似，参与控制的电器是按钮SB$_{11}$（或SB$_{12}$），接触器KM$_6$、KM$_5$、KM$_7$，速度继电器KS$_{2-2}$的反转动合触点，中间继电器KA$_5$和KA$_9$。

为了避免快速移动和进给运动同时发生，本电路通过接触器KM$_8$的动断触点和KM$_7$的动断触点来实现互锁。

（7）工作台回转电动机M$_4$的控制。工作台回转电动机M$_4$由回转正反转点动控制按钮SB$_{21}$、SB$_{22}$和正反转接触器KM$_9$、KM$_{10}$进行控制。当按下按钮SB$_{21}$或SB$_{22}$时，接触器KM$_9$线圈或KM$_{10}$线圈得电吸合，电动机M$_4$带动工作台正向或反向回转。

在T612卧式镗床电路中，位置开关SQ$_1$和SQ$_2$组成工作台横向进给或主轴箱进给与主轴或平旋盘进给的互锁电路。当两种进给的操纵手柄同时合上时，SQ$_1$和SQ$_2$都被压下，动断触点断开，切断进给和快速控制电路电源，保证两种进给不会同时发生，可避免损坏机床和刀具。

变速时，时间继电器KT得电，KT的瞬动动断触点切断进给控制电路电源，保证主轴变速和进给量变换时，不会发生进给运动。

4.2 工地上常用机电设备控制电路

电动葫芦电气控制电路是如何工作的？

答：电动葫芦电气控制电路如图4.14所示。

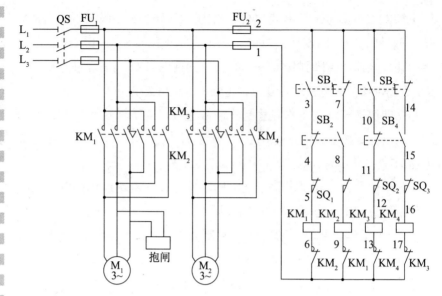

图4.14　电动葫芦电气控制电路

主回路由三相电源通过开关QS、熔断器FU₁后分成两个支路。第一条支路通过接触器KM₁和KM₂的主触点到笼型电动机M₁，再从其中的电源分出380V电压控制电磁抱闸，完成吊钩悬挂重物时的升、降、制动等动作。第二条支路通过接触器KM₃和KM₄的主触点到笼型电动机M₂，完成行车在水平面内沿导轨的前后移动。

控制回路由两相电源引出，组成4条并联支路。其中以KM₁、KM₂线圈为主体的左边两条支路控制吊钩升降环节；以KM₃、KM₄线圈为主体的右边两条支路控制行车的前后移动环节。这两个环节分别控制两台电动机的正反转，并用4个复合按钮进行点动控制。这样，当操作人员离开现场时，电动葫芦不能工作，避免发生事故。控制回路中还装设了3个行程开关，限制电动葫芦上升、前进、后退的3个极端位置。

（1）升降机构动作。上升过程：按下上升按钮SB₁→接触器KM₁线圈得电→KM₁主触点闭合→接通电动机M₁和电磁抱闸电源→电磁抱闸松开闸瓦→M₁通电正转提升重物。同时，SB₁常闭触点（2-7）分断，KM_1 的常闭辅助触点（9-1）分断，将控制吊钩下降的 KM_2 控制回路联锁。

制动过程：当重物提升到指定高度时，松开 SB_1→KM_1 断电释放→主回路断开 M_1 且电磁抱闸断电→闸瓦合拢对电动机 M_1 制动使其迅速停止。

下降过程：按下按钮 SB_2→接通接触器 KM_2→KM_2 得电主触点闭合→松开电磁抱闸且电动机 M_1 反转→吊钩下降。

制动过程：当下降到要求高度时，松开 SB_2→KM_2 断电释放→主回路断开 M_1 且电磁抱闸因断电而对电动机制动→下降动作迅速停止。

（2）移动机构动作。前进过程：按下前进按钮 SB_3→接触器 KM_3 线圈得电动作→KM_3 主触点闭合→电动机 M_2 通电正转→电动葫芦前进。

前进停止过程：松开 SB_3→KM_3 断电释放→电动机 M_2 断电→移动机构停止运行。

后退过程：按下 SB_4→接触器 KM_4 得电动作→接通电动机 M_2 反转电路→M_2 反转→电动葫芦后退。

后退停止过程：松开 SB_4→接触器 KM_4 断电→M_2 停止转动→电动葫芦停止后退。

（3）安全保护机构动作过程。在 KM_3 线圈供电线路上串接了 SB_4 和 KM_4 的常闭触点，在 KM_4 线圈供电线路上串接了 SB_3 和 KM_3 的常闭触点，它们对电动葫芦的前进、后退构成了复合联锁。行程开关 SQ_2、SQ_3 分别安装在前、后行程终点位置，一旦移动机构运动到该点，其撞块碰触行程开关滚轮，使串入控制回路中的常闭触点断开，分断控制电路，电动机 M_2 停止转动，避免电动葫芦超越行程造成事故。

塔式起重机电路是如何工作的？

答：某塔式起重机控制电路如图4.15所示。

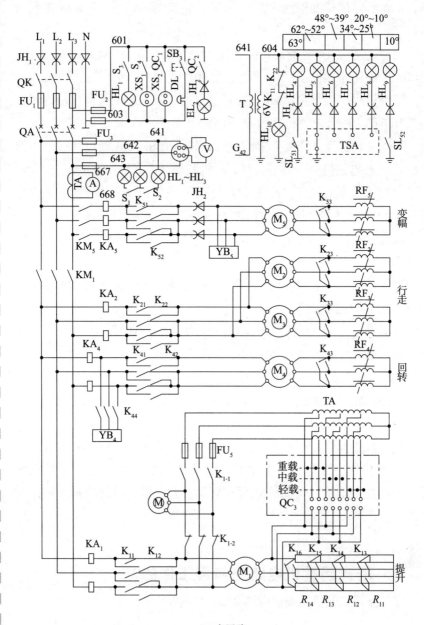

(a) 主回路

图4.15 塔式起重机电路

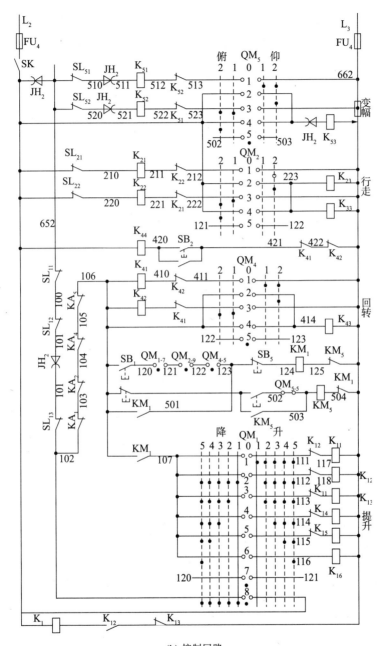

(b) 控制回路

续图4.15

（1）主回路。该塔式起重机共使用了5台绕线式电动机，它们是：提升电动机M_1，行走电动机M_2、M_3，回转电动机M_4，变幅电动机M_5。图中所示鼠笼式电动机M是电力液压推杆制动器上的电动机，接在提升电动机M_1电路中，在提升电动机M_1制动时使用。

5台绕线式电动机中，提升电动机M_1为转子串联启动电阻器R启动，其余4台电动机均为转子串频敏变阻器RF启动。电动机的工作状态由主令控制器QM_1～QM_5控制接触器来完成转换。主令控制器是一种组合开关。

主回路最上部是单相电器回路，有司机室照明灯EL_1，开关翅，单相插座XS_1、XS_2，开关S_4，QC_1，电铃D_1，按钮SB_3，探照灯EL_2，开关QC_2。单相电器回路里用熔断器FU_2做短路保护。图中N线用接地符号表示。

单相电器下面是塔机电源监视回路，有电压表V、电压表转换开关、电流表A、电流互感器TA、电源指示灯HL_1～HL_3、开关S_1、S_2。回路里有熔断器FU_3做短路保护。

单相电器回路右侧是信号灯回路，信号灯电压6V，由控制变压器T提供。HL_4～HL_9是变幅幅度指示信号灯。其中，HL_5～HL_8由变幅开关TSA控制；HL_4由位置开关S_{151}控制，是最高幅度限位信号灯；HL_9由位置开关S_{152}控制，是最低幅度限位信号灯。HL_{10}是提升指示灯，在提升电动机不转时亮，由接触器K_{11}、K_{22}常闭触点控制。

从上向下的4台绕线式电动机为变幅、行走、回转电动机，其中两台行走电动机要同时动作，因此用一对接触器控制。每台电动机回路中都有3只接触器，其中编号K×1、K×2的是正反转控制接触器，编号K×3的是频敏变阻器控制接触器，启动完成后接触器K×3通电闭合，将频敏变阻器短路。每台电动机回路中都有2只过流继电器做过流保护。回转电动机和变幅电动机上装有制动抱闸YB_4和YB_5。其中，YB_5在变幅电动机M_5停转后抱死；YB_4在回转电动机M_4停转后，用接触器K_{44}控制通电抱死。

提升电动机M_1定子电路上也使用2只接触器做正反转控制，2只过流继电器做过载保护。不同之处在制动装置，制动电动机M上端接自耦变压器TA，自耦变压器经组合开关QC₃接在转子电路上。在不同转速情况下，自耦变压器上的电压不同，电动机M的转速也不同；M转速高，制动器就刹得松些；M转速低，制动器刹得紧些。可以根据起重量用QC₃选择M上的电压，这种制动方式只有在重物下降时使用。在提升时M下端接在M₁电源上，M₁停转，制动器立刻刹车。M的接线由中间继电器K₁的触点控制。提升电动机转子回路串联启动电阻器，由接触器K₁₃～K₁₆分段短接切除。

（2）控制回路。控制回路接在电源L₂、L₃两相上，用熔断器FU₄做短路保护。电路中使用了4只组合开关QM₁、OM₂、QM₄和QM₅来代替按钮控制接触器线圈是否通电。其中QM₂、QM₄、OM₅为5层5位开关，在1位是串频敏变阻器启动状态，在2位是短接变阻器后电动机正常运转状态。QM₁为7层11位开关，分段短接切除启动电阻器。在变幅、行走回路中都有接触器互锁，并加入位置开关S₁，对行走和变幅进行限位控制。

回转电动机和提升电动机的控制回路接在各个过流继电器常闭触点后面，任何一个电动机过载，塔吊都不能做回转和提升操作。同时在这一回路中还串入了超高限位开关S₁₁₁、脱槽保护开关S₁₁₂、超重保护开关S₁₁₃，当出现超高、超重、脱槽情况时，塔吊也不能进行回转和提升操作。

在主回路中有接触器KM₁和KM₅的主触点，KM₅在变幅电动机回路，KM₁在另4个电动机回路，当出现超高、超重、脱槽情况时，KM₁和KM₅线圈断电，所有电动机停转。

塔吊总电源由铁壳开关QK、自动空气开关QA控制，开机时合上QK、QA及控制回路事故开关SK(出现事故扳动此开关，整个电路停止工作)。组合开关QM₁、OM₂、QM₄处于0位断开状态，按下按钮SB₁，接触器KM₁吸合，可以进行提升、回转、行走操作，但此时不能变幅。要变幅时按下按钮SB₅，切断KM₁线圈回路，KM₁释放，KM₅吸合，进行变幅。按塔吊操作要求，变幅与其他操作不能同时进行，为此，电路中采用按钮SB_1和SB_5联锁、KM_1和KM_5常闭触点联锁，来保证不会出现误操作。

图中所示控制回路的最下面一行是提升电动机的制动电动机M的控制回路，提升电动机反转下降时，接触器K_{12}闭合，组合开关QM_1转到低速位置1时，接触器K_{13}断电，常闭触点闭合，接触器K_1通电闭合，接通制动电动机M电源，制动电动机工作。

图中所示的JH_1和JH_2是集电环，JH_1在起重机电缆卷筒上，JH_2在起重机塔顶。

 ### 混凝土搅拌机控制电路是如何工作的？

答：JZ350型混凝土搅拌机控制电路如图4.16所示。图中，M_1为搅拌电动机，M_2为进料升降机，M_3为供水泵电动机。当电动机正转时，进行搅拌操作；反转时，进行出料操作。

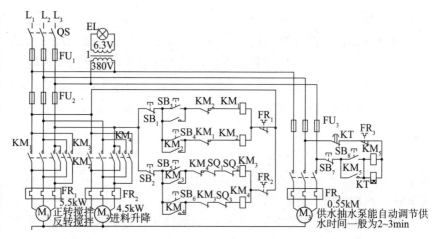

图4.16　JZ350型混凝土搅拌机控制电路

（1）进料升降控制。把原料水泥、砂子和石子按比例配好后，倒入送斗内，按下上升按钮SB_5，控触器KM_3得电吸合并自锁，其主触点接通M_2电源，M_2正转，料斗上升。当料斗上升到一定的高度后，料斗挡铁碰撞上升限位开关SQ_1和SQ_2，使接触器KM_3断电释放，料斗倾斜把料倒入搅拌机内。然后按下下降按钮SB_6，KM_4得电吸合并自锁，其主触点逆序接通M_2电源，使M_2反转，卷扬系统带动料斗下降。待下降到料斗口与地面平时，挡铁又碰撞下降限位开关SQ_3，使接触器KM_4断电释放，料斗停止下降，为下次上料做好准备。

（2）供水控制。待上料完毕后，料斗停止下降，按下水泵启动按钮SB_8，使接触器KM_5得电吸合并自锁，其主触点接通水泵电动机M_3的电源，M_3启动，向搅拌机内供水，同时时间继电器KT也得电吸合，待供水时间到（按水与原料的比例，调整时间继电器的延迟时间，一般为2~3min），时间继电器延时断开的动断触点断开，使接触器KM_5断电释放，水泵电动机停止运转。也可根据供水的情况，手动按下停止按钮SB_7，停止供水。

（3）搅拌和出料控制电路。待停止供水后，按下搅拌启动按钮SB_3，搅拌控制接触器KM_1得电吸合自锁，正相序接通搅拌机的M_1电源，搅拌机开始搅拌，待搅拌均匀后，按下停止按钮SB_1，搅拌机停止工作。这时如需出料可把送料的车斗放在锥形出料口处，按下出料按钮SB_4，KM_2得电吸合并自锁，其主触点反相序接通M_1电源，M_1反转把搅拌好的混凝土泥浆自动搅拌出来。待出完料或运料车装满后，按下停止按钮SB_1，KM_2断电释放，M_1停止转动和出料。

（4）保护环节。电源开关Q装在搅拌机旁边的配电箱内，它一方面用于控制总电源供给，另一方面用于出现机械性电器故障时紧急停电用。

三台电动机设有热继电器（FR_1、FR_2、FR_3），用于短路保护和过载保护。三台电动机还设置有接地保护措施。

料斗设有升降限位保护。

为防止电源短路，正反转接触器KM_1、KM_2之间设有互锁保护。

电源指示灯EL，用于指示电源电路通断状态。

注意，有部分厂家生产的混凝土搅拌机在料斗电动机M_2的电路上并联一个电磁铁线圈（称为制动电磁铁），当给电动机M_2通电时，电磁铁线圈也得电，立即使制动器松开电动机M_2的轴，使电动机能够旋转；当M_2断电时，电磁铁圈也断电，在弹簧力的作用下，使制动器刹住电动机M_2的轴，则电动机停止转动。

空压机控制电路是如何工作的？

答：图4.17所示为空压机控制电路，它由主回路和控制回路两部分组成。

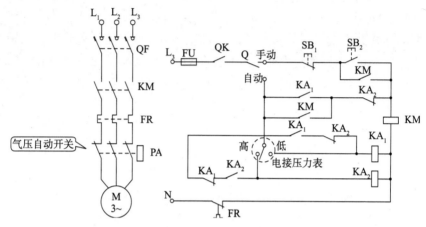

图4.17　空压机控制电路

主回路空气开关QF合闸，合上控制回路开关QK，拨动开关Q置于自动位置，接触器KM得电动作，其主触点闭合，空压机运行。

（1）当空压机气缸压力低于低压设定点时，电触点压力表的动触点与低压设定点的静触点接通，中间继电器KA_1得电动作，其常开触点闭合，接触器KM得电动作并自锁，空压机启动运行。

为了避免空压机启动或停止时，由于惯性振动作用而对电触点压力表动静触点接触造成影响，应对中间继电器KA_1、KA_2进行自锁；为了增强整个控制的可靠性，KA_1、KA_2之间应进行互锁。

（2）当压力逐渐上升，电触点压力表的动触点与低压设定点的静触点断开，但是因有KA_1及KM的自锁，空压机继续运行。

（3）当空压机气缸压力继续上升，高于高压设定点时，电触点压力表的动触点与高压设定点的静触点接通，中间继电器KA_2得电动作并自锁，其常闭触点动作断开，中间继电器KA_1及接触器KM失电，空压机自动停止工作。

（4）当空压机气缸压力消耗至低于高压设定点时，因为KA_2自锁，所以继电器KA_2继续得电，其动断触点仍处于断开状态，空压机继续停止运行。

（5）当压力继续下降至低压设定点时，继电器KA_1又得电动作并自锁，中间继电器KA_2断开，其动断触点复位，接触器KM得电动作并自锁，空压机再次启动。如此循环往复，实现空压机自动控制的目的。

图中，PA为气压自动开关，在控制回路设置了上限和下限2个气压极限点，气压调节有一个较大的时间差，可克服空压机频繁启动的弊端。

 卷扬机电气控制电路是如何工作的？

答：建筑工地常用卷扬机来升降重物或作牵引动力，图4.18所示为卷扬机电气控制电路，它由主回路和控制回路两部分组成。

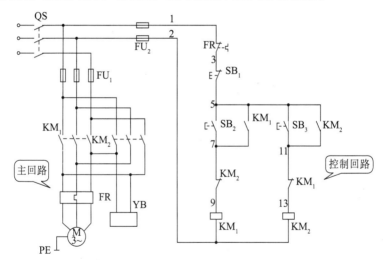

图4.18　卷扬机电气控制电路

闭合电源开关QS，电动机和电磁制动器电路同时被接通。按下上升启动按钮SB_2，电动机上升运动（正转），接触器KM_1得电吸合并自锁，电动机M_1正转启动，电磁制动器YB提起闸轮，卷扬机卷筒正转放松钢丝绳带动提升设备从井架向楼层高处运送；按下停止按钮SB$_1$，接触器KM$_1$及电磁制动器YB均失电，闸轮抱住电动机制动，让设备到位固定不动。

按下下降启动按钮SB$_3$，电动机下降运动（反转），接触器KM$_2$得电吸合并自锁，电动机M$_1$开始反转，其反向下降运动原理与正向提升过程相同，请读者自己分析。

YB为电磁制动器。当电源输入后，电动机和电磁制动器电路同时被接通,此时制动器闸瓦打开，电动机开始旋转，将动力经弹性联轴器传入减速器，再由减速器通过联轴器，带动卷筒，从而使卷扬机工作。

 水磨石机控制电路是如何工作的?

答：水磨石机也叫磨石子机，在建筑施工中主要用于房屋的装修工程。水磨石机一般分为单盘和双盘两种，其结构基本相同，只不过是双盘磨石机有两个磨盘，工作效率比单盘高。一般单盘水磨石机的电动机为4.5kW以下的单速电动机，也有单盘水磨石机采用双速电动机，在工作时可变换为两种速度，分别用于粗磨和细磨。水磨石机的操纵手柄上安装有一个倒顺开关，手柄上装有橡皮套，以保证操作时的安全。双盘水磨石机控制电路如图4.19所示.

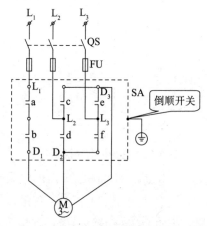

图4.19　水磨石机控制电路

电源经闸刀开关QS、熔丝FU进入装在操作手柄内的倒顺开关SA里，由倒顺开关SA控制电动机的启动、正向运转、停止与反向运转。倒顺开关是专用作小容量异步电动机的正反转控制转换开关。开关内右侧装有三组静触点左侧也装有三组静触点，转轴上固定有两组共6个动触点。开关手柄有"倒"、"停"、"顺"3个位置，当手柄置于"停"位置时，两组动触点与静触点均不接触。在操作时，将手柄开关的转向调到电动机转向与水磨石机所标的方向一致，即可进行磨石操作。

水磨石机在工作时，由于与水接触，并且工作时需用三相动力电源，因此应特别注意用电安全。每次操作前要用500V兆欧表对其电动机及水磨石机外壳和线路进行一次测试，如绝缘值低于0.5MΩ时要进行干燥处理。

建筑工地上使用的混凝土振动泵的控制电路与水磨石机控制电路完全相同，也是以倒顺开关作为主要控制器件。

4.3 专用水泵控制电路

消防栓泵电气控制电路是如何工作的？

答：消防栓泵电气控制电路如图4.20所示，它由信号控制回路、主泵控制回路和备用泵控制回路三部分组成。

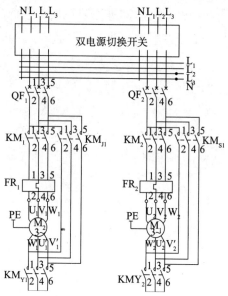

LW5-15D1365/5			
定位特征	A₁	M	A₂
触点编号	自动	手动	自动
⌒- 1-2			X
⌒- 3-4			X
⌒- 5-6			X
⌒- 7-8	X		
⌒- 9-10	X		
⌒- 11-12		X	
⌒- 13-14	X		X
⌒- 15-16	X		
⌒- 17-18	X		X
⌒- 19-20		X	

万能开关触点闭合表

XT外接端子			
TC	1	03	ST₁′
KA₁	2	05	STN′
KM₁	3	09	HR′
TC	4	02	HR′
	5		
KA₁	6	11	ST
KA₂	7	13	ST
KA₂	8	15	STP
KM₁	9	123	HR₁′
FU₁	10	02	HR₁′
FR₁	11	125	HY₁′
KM₂	12	223	HR₂′
FU₂	13	02	HR₂′
FR₂	14	225	HY₂′
STP₁	15	105	STP₁′
ST₁	16	107	ST₁′
ST₁	17	109	ST₁′
STP₂	18	205	STP₂′
ST₂	19	207	ST₂′
ST₂	20	209	ST₂′

引至消防栓按钮 KVV-4×1.5

引至消防中心 KVV-15×1.0

引至1#消防栓泵旁就地控制按钮 KVV-4×1.5

引至2#消防栓泵旁就地控制按钮 KVV-4×1.5

XT外接端子

(a) 主回路

图4.20 消防栓泵电气控制电路

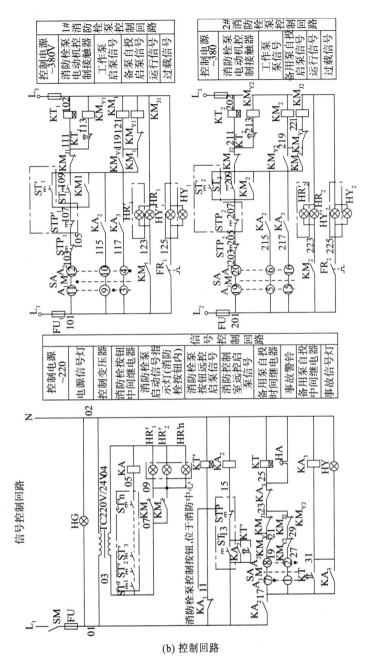

(b) 控制回路

续图4.20

在主回路中采用了两台电动机M_1和M_2，可互为主泵和备用泵。由于消防栓泵的容量比较大，所以采用了星形-三角形降压启动方式。在总电源输入端采用了双电源切换开关。QF_1、QF_2为断路器，KM_1、KM_2为电动机主接触器，KM_{Y1}、KM_{Y2}为电动机绕组三角形连接时的接触器，KM_{J1}、KM_{J2}为电动机绕组星形连接时的接触器，FR_1、FR_2为热继电器。

（1）信号控制回路。信号控制回路用于综合消防控制室的远控信号、消防按钮的远控信号和备用泵自投信号等。通常采用时间继电器KT发出备用泵自投转换信号，当主泵因故障跳闸而使工作泵接触器KM_{Y1}、KM_{J1}失电或当KM_{Y1}、KM_{J1}不能正常吸合时，其动断触点接通KT线圈回路，经过$\Delta t/s$（整定时间）的延时，接通备用泵控制线路，备用泵自行启动。备用泵自投时，发出声、光报警信号。其中声响信号经KT的延时时间后消除，而光信号直至故障排除、备用泵停止工作后方可消除。

（2）主泵和备用泵控制回路。主泵和备用泵的职能分配由转换开关SA实现。SA有3挡，位于零位时为就地检修挡，此时信号控制回路不起作用，主泵及备用泵的启动及停止均由手动操作按钮进行。SA位于左右挡时，两台泵分别为1#主2#备和2#主1#备。由于线路左右对称，下面以A_1挡为例进行分析。

当SA打向A_1挡时，信号控制回路中7-8点接通，主泵控制线路中9-10点接通，备用泵控制线路中15-16接通。此时，若发生火灾，则，打碎消防栓报警按钮玻璃后，其动合触点复位断开，KA_1失电，常闭触点复位，KA_2接通；或消防控制室送出消防栓启泵信号，按下ST其动合触点复位断开，KA_1失电，动断触点01-11复位，时间继电器KT线圈接通，延时$\Delta t/s$，通电延闭动合触点01-13闭合，中间继电器KA_2线圈接通。此时，1#主泵控制回路中，回路101-SA⑨-SA⑩-115-109-113-KM_{Y1}-102接通，KM_{Y1}线圈通电，1#泵电动机定子绕组星形连接，回路101-SA⑨-SA⑩-115-109-119-KM_1-102接通，

KM_1线圈通电，$1^\#$泵电动机M_1启动，到达KT_1延时时间后，定子绕组换接为三角形连接，全压运行。

若因KM_{Y1}、KM_{J1}故障不能吸合，则信号控制回路中，$01-17-SA⑦-SA⑧-19-21-23-25-KT-02$接通，时间继电器KT线圈得电。到达KT整定时间后，KT的延时触点17-31闭合，KA_3线圈接通，KA_3触点217-219闭合。回路$201-SA⑮-SA⑯-217-209-211-KM_{Y2}-202$接通，$KM_{Y2}$线圈通电，$2^\#$泵电动机定子绕组星形连接，回路$201-SA⑮-SA⑯-217-209-219-KM_2-202$接通，$KM_2$线圈通电，$2^\#$泵电动机$M_2$启动，到达$KT_2$延时时间后，定子绕组换接为三角形连接，全压运行，完成备用泵自投。

同理可以分析转换开关SA打向A_2挡时"$2^\#$主$1^\#$备"的工作情况。

工作泵或备用泵运行时，其运行信号由KM_1或KM_2的动合触点送出，通过控制电缆引至消防显示盘。

工作泵或备用泵过载时，其过载信号由热继电器的动合触点送出，通过控制电缆引至消防显示盘。

消防栓泵一般采用多地控制方式，可通过楼层消防栓箱内(旁)的消防栓破玻璃按钮启动，也可以由消防栓泵控制柜启动，还可以由消防控制室通过手动控制盘直接启泵或停止。

消防栓箱内左上角或左侧壁上方装有消防按钮，用于远距离启动消防栓泵。消防按钮为打碎玻璃启动的专用消防按钮。当打碎按钮面板上的玻璃时，受玻璃压迫而闭合的触点复位断开，发出启动消防栓泵的指令。

消防栓按钮接入控制系统有哪些方式？

答：消防栓按钮在电气控制线路中的连接形式有串联、并联及通过模块与总线相接三种，如图4.21所示。

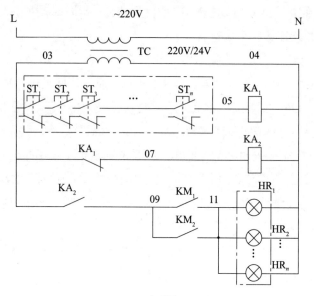

(a) 串联接入

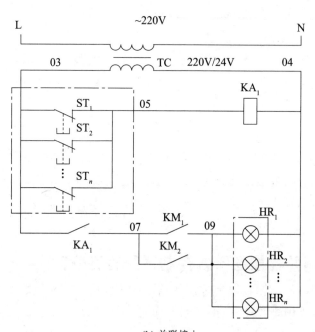

(b) 并联接入

图4.21　消防栓按钮接入控制系统的方式

第4章　电动机控制电路典型应用

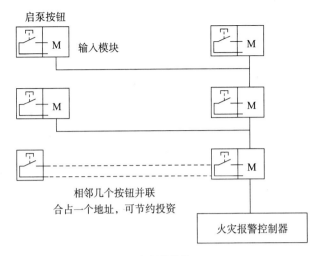

启泵按钮

输入模块

相邻几个按钮并联
合占一个地址, 可节约投资

火灾报警控制器

(c) 控制模块接入

续图4.21

图4.21（a）为消防栓按钮串联式电路, 图中消防栓按钮的动合触点在正常监控时均为闭合状态。中间继电器KA_1正常时通电, 当任一消防栓按钮动作时, KA_1线圈失电, 中间继电器KA_2线圈得电, 其动合触点闭合, 启动消防栓泵, 所有消防栓按钮上的指示灯亮。

图4.21（b）为消防栓按钮并联电路, 图中消防栓按钮的动断触点在正常监控时是断开的, 中间继电器KA_1不得电, 火灾发生时, 当任一消防栓按钮动作时, KA_1即通电, 启动消防栓泵, 当消防栓泵运行时, 其运行接触器动合触点KM闭合, 所有消防栓按钮上的指示灯亮, 显示消防栓泵已启动。

在大中型工程中常使用图4.21（c）所示的接线方式。这种系统接线简单、灵活(输入模块的确认灯可作为间接的消防栓泵启动反馈信号), 但火灾报警控制器一定要保证常年正常运行, 且常置于自动联锁状态, 否则会影响泵启动。

消防喷淋泵电气控制电路是如何工作的?

答：消防喷淋泵电气控制电路如图4.22所示。

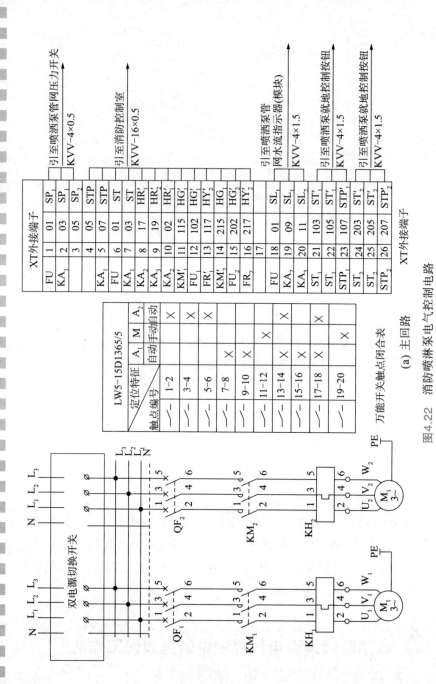

图4.22 消防喷淋泵电气控制电路

(a) 主回路

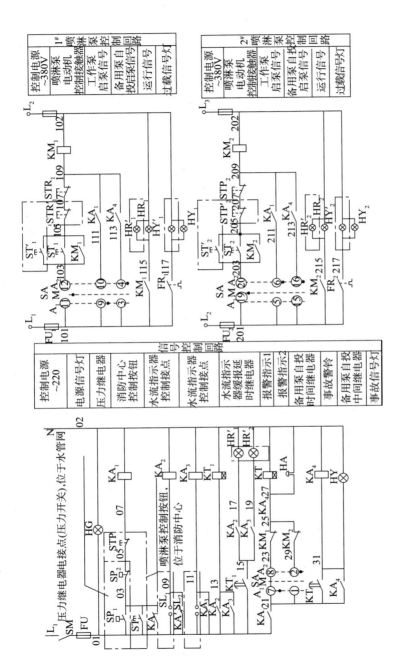

(b) 控制回路

续图4.22

主回路分析与消防栓泵相同。民用建筑电气工程中，喷淋泵容量一般不大，通常采用直接启动方式。

　　两台喷淋泵一工一备，其工作(备用)职能由转换开关SA分配。

　　（1）自动控制。下面以SA位于九挡为例进行分析。当发生火灾时，温度上升，喷头上装有热敏液体的玻璃球达到动作温度时，由于液体的膨胀而使玻璃球炸裂，喷头开始喷水灭火。喷头喷水导致管网的压力下降，管网中的水流指示器感应到水流动时，经过一段时间（20~30s）的延时，发出电信号到控制室。当管网压力下降到一定值时，管网中压力开关（压力继电器）SP_1动合触点闭合，中间继电器KA_1线圈得电，动合触点闭合，启动1#喷淋泵（工作泵）。同时，水流指示器因水管中水流动而动作，接通中间继电器KA_2（KA_3），将火灾信号送至消防控制室。运行信号由喷淋泵电源接触器动合触点接通信号指示灯将启泵信号返回消防控制室。

　　当工作泵因接触器故障不能启动时，KT接通，经过短暂延时，中间继电器KA_4线圈得电，动合触点闭合，启动喷淋备用泵。

　　（2）手动控制。将SA拨至M挡（手动控制挡），信号控制回路不起作用，1#、2#水泵电动机控制为电动机直接启动控制电路，两台电动机分别由手动控制按钮ST_1（ST_2）、STP_1（STP_2）及$ST_{1'}$（$ST_{2'}$）、$STP_{1'}$（$STP_{2'}$)控制。本挡可用作检修挡。

　　喷淋泵一般采用多地控制方式，通常采用直接启动方式。

磁力启动器水泵控制电路是如何工作的？

　　答：图4.23所示为磁力启动器水泵控制电路，这是一种比较简单、也比较常用的水泵电路。

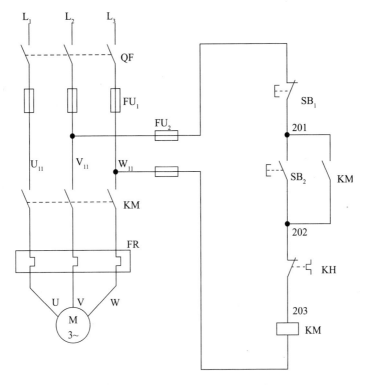

图4.23 磁力启动器水泵控制电路

磁力启动器由电源开关QF、交流接触器KM、启动按钮SB$_2$、停止按钮SB$_1$以及热继电器FR组装而成，所有电气线路全部集中安装在一只控制盒内。现场安装时，只要引入三相交流电源线到电源开关输入端，将连接电动机的三相电源线接到热继电器出口线端即可。

该电路由主回路和控制回路组成。主回路包括电源开关QF、熔断器FU$_1$和FU$_2$、交流接触器KM的主触点、热继电器FR以及交流电动机M等。控制回路包括按钮开关SB$_1$、SB$_2$以及交流接触器KM的线圈和辅助触点等。

使用时，合上电源开关QF，按下启动按钮SB$_2$，电流依次流过V$_{11}$→FU$_2$→SB$_1$→SB$_2$→FR的触点（202-203）→KM线圈→W$_{11}$，接触器KM线圈得电动作，其触点（201-202）闭合自锁，接触器KM的主触点闭合，电动机得电运行。需要停止抽水时，按下停止按钮SB$_1$，接触器

KM线圈失电复位，其主触点断开电动机的工作电源，电动机停止工作。

生活水泵电气控制电路是如何工作的？

答：某供水系统设置地下水池和高位水箱，地下水池设于大厦底层，高位水箱设于大厦顶层。图4.24（a）所示为水泵电动机主回路、电源为交流380/220V；图4.24（b）所示为控制回路，由水位信号控制回路、$1^{\#}$～$2^{\#}$电动机控制回路组成，控制电压分别为交流220 V、交流380 V。

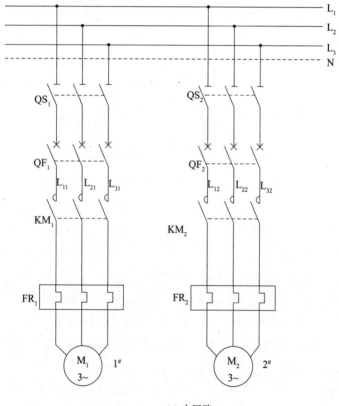

(a) 主回路

图4.24　生活水泵电气控制电路

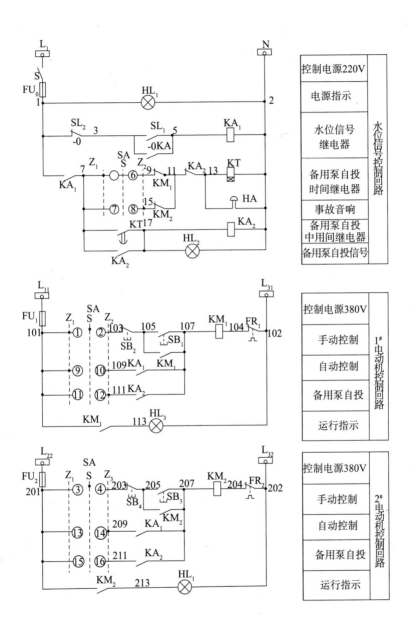

(b) 控制回路

续图4.24

（1）自动控制。将转换开关SA转至"Z_1"挡，其触点5-6、9-10、15-16接通，其他触点断开，控制过程如下。

·正常工作时的控制。若高位水箱为低水位，干簧式水位信号器触点S_{11}闭合，回路1-3-5-2接通，水位继电器KA_1线圈得电并自锁，其动合触点闭合，1-7点接通，109-107点接通，209-207点接通，则回路101-109-107-104-102接通，使接触器KM_1线圈得电，KM_1主触点闭合，使1#泵电动机M_1启动运转。当高位水箱中的水位到达高水位时，水位信号器S_{12}动断触点断开，KA_1线圈失电，其动合触点恢复断开，109-107点断开，KM_1线圈失电，KM_1主触点断开，使1#泵电动机M_1脱离电源停止工作。

·备用泵自动投入控制。在故障状态下，即使高位水箱的低水位信号发出，水位继电器KA_1线圈得电，其动合触点闭合，但如果KM_1机械卡住触点不动作，或电动机M_1运行中保护电器动作导致电动机停车，KM_1的动断触点复位闭合，9-11点接通，则回路1-7-9-11-13-2接通，警铃HA发出事故音响信号，同时时间继电器KT线圈得电，经过预先整定的延时时间后，备用继电器KA_2线圈通电，其动合触点211-207接通，故回路201-211-207-204-202接通，使KM_2线圈通电，其主触点闭合，备用2#泵M_2自动投入。

由于线路对称性，当万能转换开关SA手柄转至"Z_2"挡时，M_2为工作泵，M_1为备用泵，其工作原理与SA位于"Z_1"挡类似。

（2）手动控制。将转换开关SA转至"S"挡，其触点1-2、3-4接通，其他触点断开，接通M_1和M_2泵手动控制电路，这时，水泵启停不受水位信号控制。当按下启动按钮SB_1或SB_3，使KM_1或KM_2得电吸合并自锁，可任意启动1#泵M_1或2#泵M_2。此挡主要用于调试。

（3）信号显示。合上开关S，绿色信号灯HL_1亮，表示电源已接通，水位控制信号回路投入工作。电动机M_1启动时，开泵红色信号灯HL_3亮；M_2启动时，开泵红色信号灯HL_4亮；当备用泵投入时，黄色事故信号灯HL_2亮。信号灯采用不同的颜色，可以直观地区别电气控制系统的不同状态。

为了实现手动和自动控制的切换，利用万能转换开关SA的不同挡位进行手动和自动控制之间的转换。自动控制时，由水位信号器发出信号启动工作泵或备用泵；手动控制时，直接由控制柜上的按钮开关送出控制信号。万能转换开关的操作手柄一般是多挡位的，触点数量也较多。其触点的闭合或断开在电路中是采用展开图来表示，即操作手柄的位置用虚线表示，虚线上的黑圆点表示操作手柄转到此位置时，该组触点闭合；如无黑圆点，表示该组触点断开。

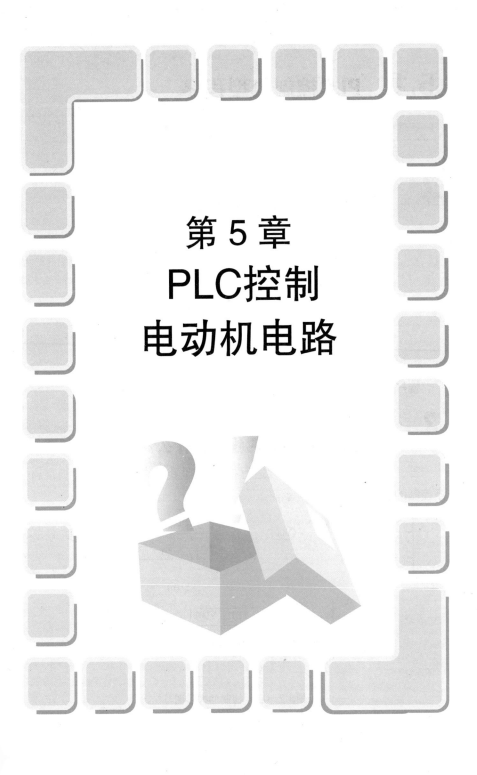

第 5 章
PLC控制
电动机电路

5.1 PLC控制典型程序

电动机点动控制的程序是什么？

答：电动机点动控制程序的梯形图如图5.1所示。

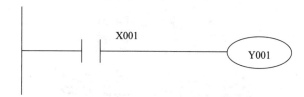

图5.1 点动控制的梯形图

程序说明：X001闭合，Y001得电；X001断开，Y001失电。

电动机启停控制的程序是什么？

答：电动机启停控制(连续运行控制)就是我们常说的自锁控制，启停控制的梯形图如图5.2所示。

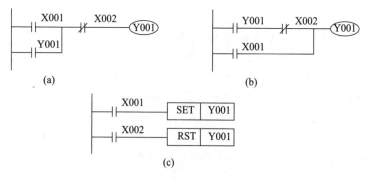

图5.2 启停控制的梯形图

程序说明:

（1）图5.2（a）、图5.2（b）:X001闭合，Y001得电，并自锁；X002断开，Y001失电。

（2）图5.2（c）:X001闭合，Y001置1；X002闭合，Y001复位。注意:当X001和X002同时闭合时，RST指令优先执行。

这种启停控制常用于以无锁定开关作启动开关，或者只接通一个扫描周期的触点去启动一个持续的控制电路。

电动机点动和连续运行控制的程序是什么？

答：电动机点动和连续运行控制程序的梯形图如图5.3所示。

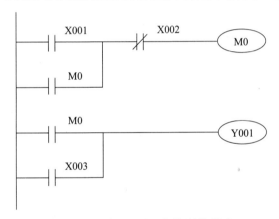

图5.3　点动和连续运行控制梯形图

程序说明:

（1）连续运行:X001闭合，M0得电并自锁，M0动合触点闭合，Y001得电；X002断开，M0失电，M0动合触点断开，Y001失电。

（2）点动:X003闭合，Y001得电；X003断开，Y001失电。

电动机顺序控制的程序是什么？

答：电动机顺序控制程序的梯形图如图5.4所示。

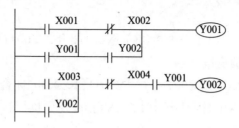

(a)顺启逆停

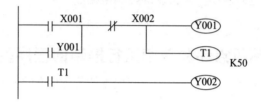

(b)自动控制

图5.4　顺序控制程序的梯形图

程序说明：

（1）顺启逆停。

启动：X001闭合，Y001得电，X003闭合，Y002得电。

停止：X004断开，Y002失电，X002断开，Y001失电。

即启动时，Y001先得电，然后Y002才能得电；停止时，Y002先失电，然后Y001才能失电，实现了顺序启动、逆向停止的功能。

（2）自动控制。

启动：X001闭合，Y001得电，T1得电，延时5s后（延时时间的长短可根据实际需要设定），Y002得电。

停止：X002断开，Y001、Y002及T1全部失电。

由于加入了T1，实现了自动顺序启动控制。

电动机启停保护控制的程序是什么？

答：三相异步电动机启动、停止与自锁保护控制是电动机最基本的控制，虽然简单，但在各种复杂的控制中不可或缺。图5.5所示为启动、停止与自锁保护电路的梯形图，该电路最重要的特点是具有"记忆"功能，即具有自锁或自保持功能。

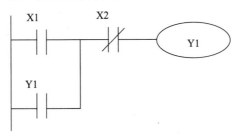

图5.5 启停保护控制程序梯形图

程序说明：启动信号X1及停止信号X2持续ON的时间很短，称短信号。

（1）当X1为ON（启动），X2为OFF时，Y1线圈为ON，Y1动合触点接通，电路自锁保持。此时，X1变为OFF，电路仍接通。

（2）当X2为ON时，Y1线圈断电，动合触点断开，电路断开（停止）。此时，X2为OFF，电路仍断开。

在实际电路中，启动信号和停止信号可能由多个触点组成的串、并联电路提供。

 置位与复位控制的程序是什么？

答：置位与复位控制程序的梯形图如图5.6所示。

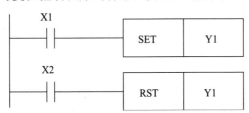

图5.6 置位与复位控制程序梯形图

程序说明：

（1）X1=ON时，Y1被SET指令置位为ON，并保持该状态。

（2）X2=ON时，Y1被RST指令复位为OFF。

延时接通控制的程序是什么？

答：延时接通控制程序梯形图如图5.7所示。

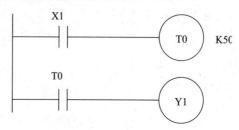

图5.7　延时接通控制程序梯形图

程序说明：

（1）X1=ON时，T0开始计时，计时时间（5s）到，T0的动合触点闭合，Y1的输出状态为ON。

（2）X1=OFF时，T0复位清零，T0的动合触点断开，Y1的输出状态变为OFF。

延时断开控制的程序是什么？

答：延时断开控制程序的梯形图如图5.8所示。

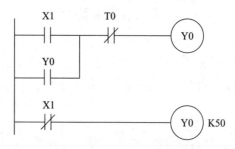

图5.8　延时断开控制程序梯形图

程序说明：

（1）X1=ON时，T0的动断触点闭合，Y0的输出状态为ON并自锁保持；同时X1的动断触点断开，T0处于复位状态。

（2）X1=OFF时，Y0的输出状态由于自锁保持仍为ON，X1的动断触点闭合，T0开始计时。计时时间（5s）到，T0的动断触点断开，Y0的输出状态变为OFF。

闪烁控制的程序是什么？

答：闪烁控制程序的梯形图如图5.9所示。

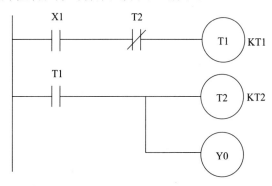

图5.9　闪烁控制程序的梯形图

程序说明：

（1）X1=ON时，T2的动断触点闭合，T1开始计时，定时时间（t_1）到，T1的动合触点闭合。定时时间（t_2）到，T2的动断触点断开，T1被复位清零，T1的动合触点断开，Y0的输出状态变为OFF，同时T2被复位清零，T2的动断触点闭合……依次循环。

（2）X1=OFF时，T1被复位清零，T1的动合触点断开，Y0的输出状态为OFF，同时T2也被复位清零。

如何编写PLC控制电动机正反转运转程序？

答：利用PLC控制电动机正反转的运转程序可采用多种方法编写，这里列举几种方法，供读者拓展编程思路。

方法一：将继电控制线路按I/O分配表的编号写出梯形图和指令语句表，如图5.10所示。注意：由于热继电器的保护触点采用动断触点输入，因此程序中的X3（FR动断）采用动断触点。

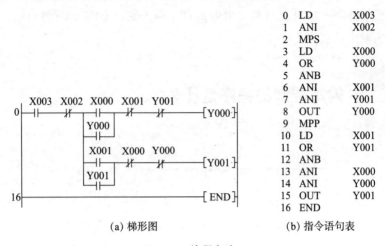

0	LD	X003
1	ANI	X002
2	MPS	
3	LD	X000
4	OR	Y000
5	ANB	
6	ANI	X001
7	ANI	Y001
8	OUT	Y000
9	MPP	
10	LD	X001
11	OR	Y001
12	ANB	
13	ANI	X000
14	ANI	Y000
15	OUT	Y001
16	END	

(a) 梯形图　　　　　　　　　　　　　(b) 指令语句表

图5.10　编程方法一

方法二：通过停止按钮X2动断触点与热热继电器X3动合触点共同控制M0辅助继电器，再将M0动合触点分别串联到Y0、Y1控制回路中进行控制，如图5.11所示。

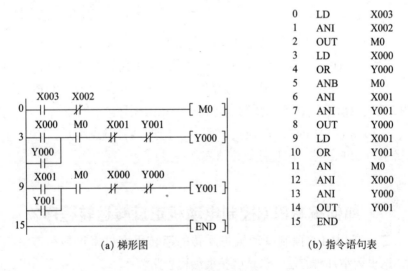

0	LD	X003
1	ANI	X002
2	OUT	M0
3	LD	X000
4	OR	Y000
5	ANB	M0
6	ANI	X001
7	ANI	Y001
8	OUT	Y000
9	LD	X001
10	OR	Y001
11	AN	M0
12	ANI	X000
13	ANI	Y000
14	OUT	Y001
15	END	

(a) 梯形图　　　　　　　　　　　　　(b) 指令语句表

图5.11　编程方法二

方法三：采用主控方式控制正反转电路，如图5.12所示。

　　第5章　PLC控制电动机电路

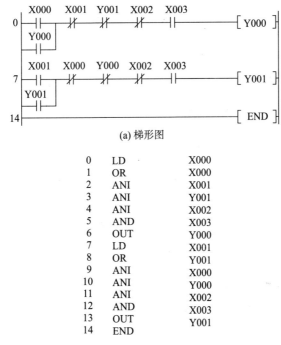

0	LD	X003
1	ANI	X002
2	MC	N0 M0
5	LD	X000
6	OR	Y000
7	ANI	X001
8	ANI	Y001
9	OUT	Y000
10	LD	X001
11	OR	Y001
12	ANI	X000
13	ANI	Y000
14	OUT	Y001
15	MCR	N
17	END	

(a) 梯形图   (b) 指令语句表

图5.12　编程方法三

方法四：将停止按钮X2动断触点与热热继电器X3动合触点分别串联到Y0、Y1控制回路进行控制，如图5.13所示。

(a) 梯形图

0	LD	X000
1	OR	X000
2	ANI	X001
3	ANI	Y001
4	ANI	X002
5	AND	X003
6	OUT	Y000
7	LD	X001
8	OR	Y001
9	ANI	X000
10	ANI	Y000
11	ANI	X002
12	AND	X003
13	OUT	Y001
14	END	

(b) 指令语句表

图5.13　编程方法四

方法五：采用置位与复位指令控制电动机正反转运转程序，如图5.14所示。

		0	LD	X000
0	[SET Y000]	1	SET	Y000
	[RST Y001]	2	RST	Y001
3	[RST Y000]	3	LD	X001
	[SET Y001]	4	RST	Y000
		5	SET	Y001
6	[RST Y000]	6	LD	X002
	[RST Y001]	7	ORI	X003
		8	RST	Y000
10	[END]	9	RST	Y001
		10	END	

(a) 梯形图   (b) 指令语句表

图5.14　编程方法五

设计电动机正反转PLC控制程序有哪些注意事项？

答：（1）电动机正反转的主回路中，交流接触器KM_1和KM_2的主触点不能同时闭合，并且必须保证一个接触器的主触点断开以后，另一个接触器的主触点才能闭合。

（2）为了达到第一点的要求，梯形图中输出继电器Y0、Y1的线圈不能同时带电，这样在梯形图中要加程序互锁。即在输出Y0线圈的一路中，加入元件Y1的动断触点；在输出Y1线圈的一路中，加入元件Y0的动断触点。当Y0的线圈带电时，Y1的线圈因Y0的动断触点断开而不能得电；同理，当Y1的线圈带电时，Y0的线圈因Y1的动断触点断开而不能得电。

（3）为了保证电动机能从正转直接切换到反转，梯形图中必须加入类似按钮机械互锁的程序互锁。即在输出Y0线圈的一路中，加入反转控制信号X1的动断触点；在输出Y1线圈的一路中，加入正转控制信号X0的动断触点。这样能做到电动机正反转的直接切换。

当电动机加正转控制信号时，输入继电器X0的动合触点闭合，动断触点断开。动断触点断开反转输出Y1的线圈，交流接触器KM$_2$的线圈失电，电动机停止反转，同时Y1的动断触点闭合，正转输出继电器Y0线圈带电，交流接触器KM$_1$线圈得电，电动机正转。

当电动机加反转控制信号时，输入继电器X1的动合触点闭合，动断触点断开。动断触点断开正转输出Y0的线圈，交流接触器KM$_1$的线圈失电，电动机停止正转，同时Y0的动断触点闭合，反转输出继电器Y$_1$线圈带电，交流接触器KM$_2$线圈得电，电动机正转。

（4）在PLC的输出回路中，KM$_1$线圈和KM$_2$线圈之间必须加电气互锁。主要是避免当交流接触器主触点熔焊在一起而不能断开时，造成主回路短路情况的出现。

（5）电动机的过载保护一定要加在PLC控制电路的输入回路中，当电动机出现过载时，热继电器的动合触点闭合，过载信号通过输入继电器X2进入PLC，断开程序的运行，使输出继电器Y0、Y1同时失电，交流接触器KM$_1$、KM$_2$线圈断电，电动机停止运行。

5.2　PLC控制电动机常用电路

PLC控制与继电−接触器控制有何区别？

答：PLC控制与继电−接触器控制的区别见表5.1。

表5.1　PLC控制与继电−接触器控制的区别

区　别	PLC控制	继电-接触器控制
控制逻辑不同	PLC控制为"软接"技术，同一个器件的线圈和它的各个触点动作不同时发生	继电-接触器控制为硬接线技术，同一个继电器的所有触点与线圈通电或断电同时发生

区 别	PLC控制	继电-接触器控制
控制速度不同	PLC控制速度极快	继电-接触器控制速度慢
定时/计数不同	PLC控制定时精度高，范围大，有计数功能	继电-接触器控制定时精度不高，范围小，无计数功能
设计与施工不同	PLC现场施工与程序设计同步进行，周期短，调试及维修方便	继电-接触器控制设计、现场施工、调试必须依次进行，周期长，且修改困难
可靠性和维护性不同	PLC连线少，使用方便，并具有自诊断功能	继电-接触器连线多，使用不方便，没有自诊断功能
价格不同	PLC价格贵（具有长远利益）	继电-接触器价格便宜（具有短期利益）

如何设计电动机点动控制电路？

答：继电-接触器式电动机点动控制电路原理图如图5.15所示。

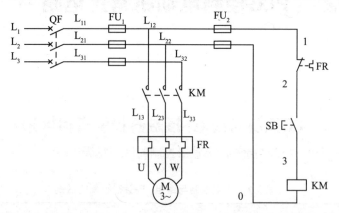

图5.15　电动机点动控制电路原理图

（1）PLC的I/O地址分配。图5.15所示电路中的输入设备有点动按钮SB，输出设备有接触器KM线圈。据此可将PLC的I/O(输入/输出)

地址分配给上述输入/输出设备，见表5.2。

表5.2 电动机点动控制PLC的I/O地址分配

输　入		输　出	
元　件	地　址	元　件	地　址
点动按钮SB	X0	接触式线圈KM	Y0

（2）主回路与PLC控制回路接线图。设计时，原来的主回路保持不变，如图5.16（a）所示。根据I/O分配表画出PLC控制电动机点动控制电路接线图，如图5.16（b）所示。其基本方法是：原来控制回路的输入、输出转换为PLC控制电路的输入、输出；原来控制回路按接线顺序转换为PLC的虚拟电路。KM、FU、SB等仍然采用原来电路的器件，可节省技改成本。

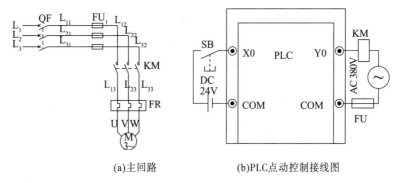

(a)主回路　　　　　　(b)PLC点动控制接线图

图5.16　PLC控制电动机点动正转控制电路的外围接线图

为了防止在待机状态或无操作命令时PLC的输入电路长时间通电，从而使能耗增加，PLC输入单元电路的寿命缩短，若无特殊要求，一般采用动合触点或与将PLC的输入端子相连。另外，为了简化外围接线和增加系统的稳定性，输入端所需的DC 24V电源可以直接从PLC的端子上引用，而输出端的负载交流电源则由用户根据负载容量和耐压值灵活确定。

（3）PLC程序设计。编制PLC控制程序时只需对控制回路进行编程，主回路无需处理。为了直观起见，可将控制回路单独画出来，旋转成类似梯形图的水平放置方式，并将PLC的I/O编号标注在对应的器件旁边，如图5.17所示。

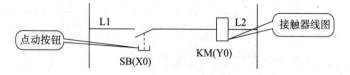

图5.17　电动机点动控制电路图

　　绘制梯形图时，可以采用"直观替代法"，用PLC梯形图中的"左右母线"代替继电–接触器控制电路中的电源相线"L_1"、"L_2"，用PLC梯形图中的动合触点"$\dashv\vdash$"代替继电–接触器控制电路中点动按钮SB的动合触点"$\underline{}\underline{}$"，用PLC梯形图中的线圈"——○"代替继电–接触器控制电路中的交流接触器KM的线圈"——□"，并使这些软元件的编号与图5.17中标注在相应物理元件旁边的编号一致，这样即可轻而易举地绘制出上述电路的梯形图，如图5.18所示。由此可见，梯形图与电气控制原理图的不同之处就是在梯形图程序中每个完整的程序必须要以一条END（01）指令来结束程序。

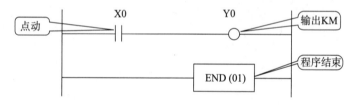

图5.18　点动正转控制线路的梯形图

如何设计电动机点动正转自锁控制电路？

　　答：将上一个问题的设计意图修改为用PLC改造电动机点动正转自锁控制电路。即按下启动按钮SB_1，电动机自锁正转；按下停止按钮SB_2，电动机停转。

　　PLC的I/O地址分配见表5.3。

表5.3　电动机点动自锁控制PLC的I/O地址分配

输　入		输　出	
元　件	地　址	元　件	地　址
启动按钮SB$_1$	X0	接触点线圈KM	Y0
停止按钮SB$_2$	X1		

电动机点动自锁控制PLC的接线图和梯形图如图5.19所示。

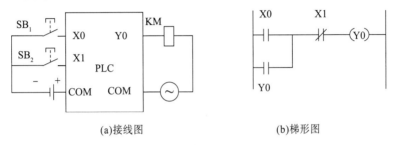

(a)接线图　　　　　　　　　(b)梯形图

图5.19　电动机点动自锁控制PLC接线图和梯形图

 PLC控制的电动机正反转电路是如何工作的？

答:图5.20（a）所示为一种PLC控制的电动机正反转电路接线图，图5.20（b）所示为该电路的梯形图及指令语句表，其输入/输出信号分配如表5.4所示。

表5.4　输入/输出信号分配表

输入（I）			输出（O）		
元　件	功　能	信号地址	元　件	功　能	信号地址
SB$_1$	电动机正转控制按钮	X0	KM$_1$	正转控制接触器	Y0
SB$_2$	电机反转控制按钮	X1	KM$_2$	反转控制接触器	Y1
SB$_3$	电机停止控制按钮	X3			
FR$_1$	热继电器触点，用于过载保护	X2			

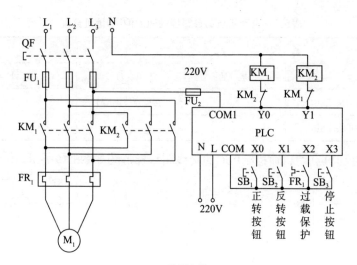

(a) 控制电路

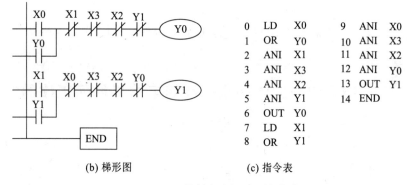

(b) 梯形图   (c) 指令表

图5.20   PLC控制电动机正反转电路

PLC控制电动机正反转电路由主回路和控制回路两部分组成。这与继电-接触器式电动机控制电路是一致的。

下面介绍该电路的工作原理。

（1）当电动机加正转控制信号时，输入继电器X0的动合触点闭合，动断触点断开。动断触点断开反转输出Y1的线圈，交流接触器KM$_2$线圈失电，电动机停止反转，同时Y1的动断触点闭合，正转输出继电器Y0线圈带电，交流接触器KM$_1$线圈得电，电动机正转。

（2）当电动机加反转控制信号时，输入继电器X1的动合触点闭合，动断触点断开。动断触点断开正转输出Y0的线圈，交流接触器KM₁线圈失电，电动机停止正转，同时Y0的动断触点闭合，反转输出继电器Y1线圈带电，交流接触器KM₂线圈得电，电动机正转。

（3）给正转信号，电动机正转运行；给反转信号，电动机反转运行；给停止信号，无论电动机正转还是反转，都要停止运行。即电动机的控制能实现正反停。

如何用PLC改造按钮、接触器Y-△降压启动电路？

答：（1）控制要求。按下启动按钮SB₁，接触器KM线圈通电，同时接触器KM_Y线圈通电，电动机定子绕组接成Y形降压启动；当转速上升并接近电动机的额定转速时，按下按钮SB₂，接触器KM_Y线圈失电，接触器KM_△线圈通电，电动机定子绕组接成△形全压运行；按下按钮SB₃，接触器KM线圈失电，电动机M停止运行。

（2）I/O地址分配。PLC输入/输出地址分配如表5.5所示。

表5.5　I/O地址分配表

输　入		输　出	
元件名称	输入点	元件名称	输出点
Y形降压启动按钮SB₁	X0	接触器KM	Y0
Y-△转换按钮SB₂	X1	接触器KM_Y	Y1
停止按钮SB₃	X2	接触器KM_△	Y2
热继电器触点FR	X3		

（3）接线图。PLC控制的按钮、接触器Y-△降压启动的主回路图如图5.21（a）所示，PLC控制回路接线图如图5.21（b）所示。

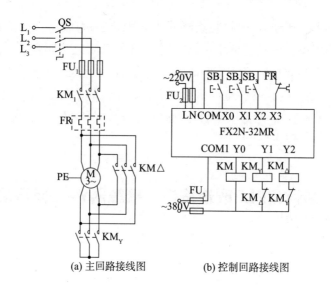

図5.21　按钮、接触器Y-△降压启动接线图

（4）PLC程序设计。PLC控制按钮、接触器Y-△降压启动程序可采用多种方法编写，这里列举几种方法，以供读者拓展编程的思路。

方法一：将继电控制线路按I/O分配表的编号写出梯形图和指令语句表，如图5.22所示。

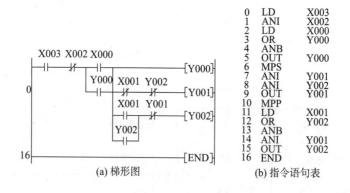

図5.22　PLC控制按钮、接触器Y-△降压启动程序(一)

注意：由于热继电器的保护触点采用动断触点输入，因此程序中的X3(FR动断)采用动合触点。

方法二：通过停止按钮X2动断触点与热继电器X3动合触点共同控制M0辅助继电器，再将M0动合触点分别串联到Y0、Y1、Y2控制回路中进行控制，如图5.23所示。

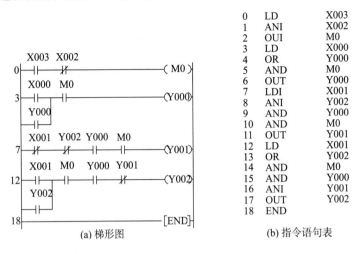

0	LD	X003
1	ANI	X002
2	OUI	M0
3	LD	X000
4	OR	Y000
5	AND	M0
6	OUT	Y000
7	LDI	X001
8	ANI	Y002
9	AND	Y000
10	AND	M0
11	OUT	Y001
12	LD	X001
13	OR	Y002
14	AND	M0
15	AND	Y000
16	ANI	Y001
17	OUT	Y002
18	END	

(a) 梯形图   (b) 指令语句表

图5.23　PLC控制按钮、接触器Y-△降压启动程序(二)

方法三：将停止按钮X2动断触点与热继电器X3动合触点分别串联到Y0、Y1控制回路中进行控制，如图5.24所示。

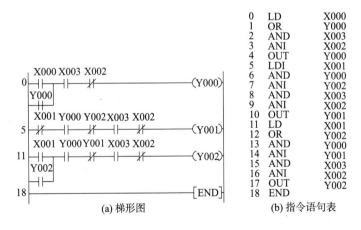

0	LD	X000
1	OR	Y000
2	AND	X003
3	ANI	X002
4	OUT	Y000
5	LDI	X001
6	AND	Y000
7	ANI	Y002
8	AND	X003
9	ANI	X002
10	OUT	Y001
11	LD	X001
12	OR	Y002
13	AND	Y000
14	ANI	Y001
15	AND	X003
16	ANI	X002
17	OUT	Y002
18	END	

(a) 梯形图   (b) 指令语句表

图5.24　PLC控制按钮、接触器Y-△降压启动程序(三)

如何用PLC改造Y-△降压自动启动控制电路？

答：（1）控制要求。按下启动按钮SB$_1$，KM$_Y$线圈得电，KM线圈得电，电动机接成Y形降压启动；延时5s后，切断KM$_Y$线圈回路并接通KM$_\triangle$线圈回路，电动机接成△形全压运行；按下SB$_2$，KM线圈、KM$_\triangle$线圈失电，电动机停止运行。

（2）I/O地址分配。PLC输入/输出地址见表5.6。

表5.6　I/O地址分配表

输　　入		输　　出	
元件名称	输入点	元件名称	输出点
Y形降压启动按钮SB$_1$	X0	接触器KM	Y0
停止按钮SB$_2$	X1	接触器KM$_Y$	Y1
热继电器触点FR	X3	接触器KM$_\triangle$	Y2

（3）接线图。根据系统控制要求，其接线如图5.25所示，与图5.21比较可知，只需拆除PLC输入端X2与按钮SB$_3$的连线即可。注意：按钮SB$_3$可不拆除，只是按下后无控制作用。

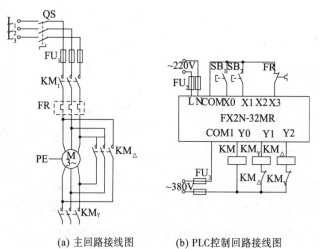

(a) 主回路接线图　　(b) PLC控制回路接线图

图5.25　PLC自动控制Y-△降压启动控制电路接线图

（4）PLC程序设计。PLC内部时间继电器自动控制Y-△降压启动控制程序可采用多种方法编写，这里列举两种方法，以供读者拓展编程的思路。

方法一：将控制线路按I/O分配表的编号写出梯形图和指令语句表，如图5.26所示。注意：由于热继电器的保护触点采用动断触点输入，因此程序中的X3(FR动断)采用动合触点。

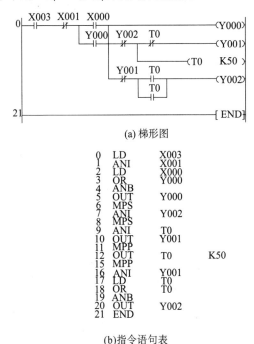

(a) 梯形图

```
 0   LD      X003
 1   ANI     X001
 2   LD      X000
 3   OR      Y000
 4   ANB
 5   OUT     Y000
 6   MPS
 7   ANI     Y002
 8   MPS
 9   ANI     T0
10   OUT     Y001
11   MPP
12   OUT     T0        K50
15   MPP
16   ANI     Y001
17   LD      T0
18   OR      T0
19   ANB
20   OUT     Y002
21   END
```

(b)指令语句表

图5.26 PLC自动控制Y-△降压启动控制程序（一）

方法二：在继电-接触器式控制电路中，通常考虑时间继电器完成定时后就切断时间继电器的线圈，以实现节省能源和延长时间继电器使用寿命的目的。但在PLC控制程序中，PLC内部的定时器（T）将代替前述的时间继电器。使用定时器可获得一个延时的效果，而且有若干个动合、动断延时触点供用户编程使用，使用次数不限。PLC定时器是根据时钟脉冲的累积形式进行计时的。因此，在PLC梯形图程序中，可将定时器指令与中间继电器指令进行合理组合，以实现延时功能。按照这一思路，编写的PLC内部时间继电器自动控制Y-△降压启动控制程序如图5.27所示。当电动机开始启动时，Y000、Y001由OFF变为ON，电动机接成Y形接法运转，同时定时器T0开始计时，计时时间（5s）达到后，Y001由ON变为OFF，Y002由OFF变为ON，Y000保持ON状态，此时电动机接成△形接法开始运转。

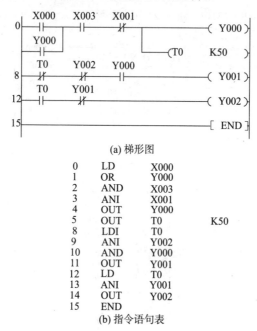

(a) 梯形图

0	LD	X000	
1	OR	Y000	
2	AND	X003	
3	ANI	X001	
4	OUT	Y000	
5	OUT	T0	K50
8	LDI	T0	
9	ANI	Y002	
10	AND	Y000	
11	OUT	Y001	
12	LD	T0	
13	ANI	Y001	
14	OUT	Y002	
15	END		

(b) 指令语句表

图5.27　PLC自动控制Y-△降压启动控制程序（二）

5.3　利用PLC改造机床电动机控制电路

如何利用PLC改造C6140机床电动机控制电路？

答：继电–接触器式C6140机床电气原理图如图5.28所示。

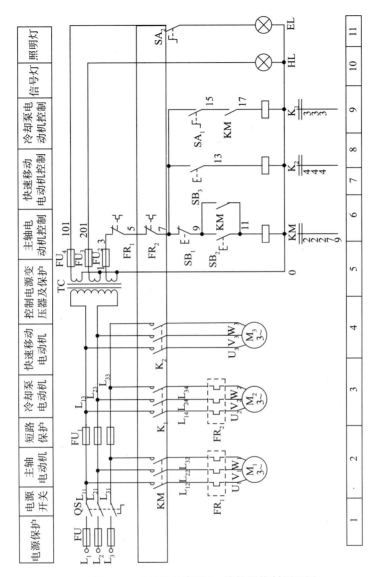

图5.28 C6140机床继电-接触器控制原理图

该车床共有三台电动机，其中M_1为主轴电动机，M_2为冷却泵电动机，M_3为快速移动电动机。按钮SB_2为主轴电动机M_1的启动按钮，SB_1为主轴电动机M_1的停止按钮，按钮SB_3为快速移动电动机M_3的点动按钮，手动开关SA_1为冷却泵电动机M_2的启动开关。

（1）I/O设计。PLC的输入信号包括M_1停止按钮SB_1，M_1启动按钮SB_2，M_3点动按钮SB_3，M_2手动开关SA_1和热继电器FR_1、FR_2。

PLC的输出信号包括电源接触器KM，中间继电器K_1、K_2和电源指示灯HL。

据图5.28所示电气控制线路图，分配I/O见表5.7。C6140机床PLC控制接线图如图5.29所示。

表5.7　I/O分配表

输　入		输　出	
输入设备元件	PLC输入 继电器编号	输出设备元件	PLC输出 继电器编号
M_1停止按钮SB_1	X0	接触器KM	Y0
M_1启动按钮SB_2	X1	中间继电器K_1	Y2
M_3点动按钮SB_3	X2	中间继电器K_2	Y1
M_2手动开关SA_1	X3	车床电源指示灯HL	Y4
热继电器FR_1、FR_2	X4		

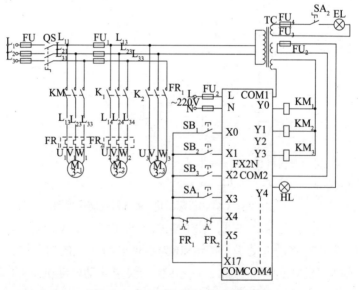

图5.29　C6140机床PLC控制接线图

（2）梯形图程序设计。合上电源开关，Y4闭合(电源指示灯HL点亮)，表示电源正常。当X1（SB_2）闭合时，Y0闭合并自锁，主轴电动机M_1启动运行；当X0（SB_1）闭合时，Y0释放，主轴电动机M_1停转。当X2（SB_3）闭合时，Y2闭合，快速移动电动机M_3启动运行；当X2（SB_3）断开时，Y2释放，快速移动电动机M_3停转。在Y0闭合后，若X3（SA_1）闭合，则Y1闭合，冷却泵电动机M_2启动运行；若X3(SA_1)断开，则Y1释放，冷却泵电动机M_2停转。当X4（FR_1或FR_2）断开时，Y0、Y1、Y2均释放，各电动机均停止运行。照明灯EL采用手动开关SA_2独立控制。

根据上述设计思路，绘制出梯形图如图5.30所示。

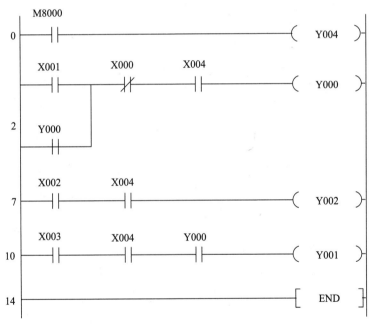

图5.30　C6140机床PLC梯形图程序

 如何利用PLC改造C650机床电动机控制电路？

答：C650卧式机床继电–接触器式控制电气原理图如图5.31所示。

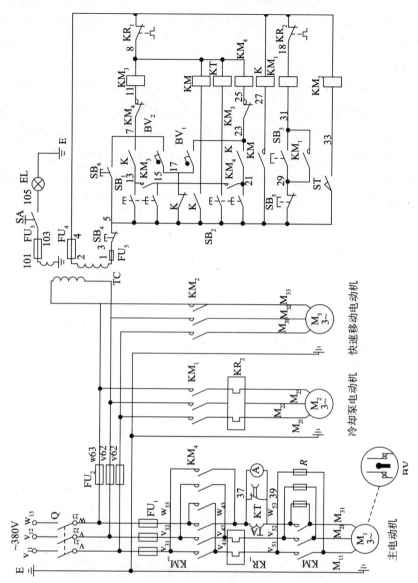

图5.31　C650卧式机床继电-接触器控制电气原理图

C650卧式机床的电力拖动及控制要求如下。

主电动机M₁完成主轴主运动和刀具进给运动的驱动，电动机采用直接启动和降压启动，可正反两个方向旋转，并可进行正反两个旋转方向的电气停车制动。为加工调整方便，还具有点动功能。

电动机M₂拖动冷却泵在加工时提供切削液，采用直接启动停止方式，并且为连续工作状态。

快速移动电动机M₃可根据使用要求，随时手动控制启停。

现主回路保持不变，控制变压器保留，使用PLC控制器，系统的控制回路将大为简化。考虑到是单台设备，输入/输出点数不多且只限开关量，可以选用OMRON（欧姆龙）公司的小型PLC控制器CPM1A。

（1）I/O分配与PLC外接线。考虑到PLC的应用特点，省去了原系统中的中间继电器K和时间继电器KT，且为便于接线，所有按钮、热继电器均采用动合触点。也可考虑过载保护在PLC外部实现或内外同时采用。为确保KM₃、KM₄的可靠互锁，除软件编程时考虑互锁程序外，在硬件电路上也要用辅助触点建立互锁。PLC外接线、I/O分配及电源配置电路图如图5.32所示。

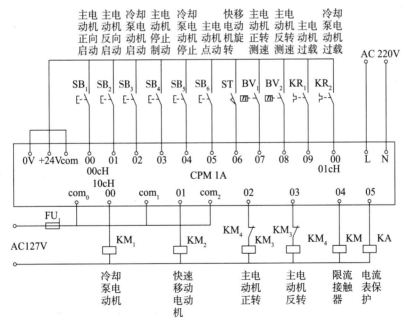

图5.32 PLC外接线、I/O分配及电源配置

（2）梯形图程序设计。由于控制规模较小且为开关量控制，程序

设计时可采用经验设计法。首先分析原有系统的控制功能，逐项进行软件编程。也可根据电路图的接线原理，利用梯形图与电路图的相似关系进行软件设计，但两者毕竟有一定的区别，设计完成后要仔细检查，本例设计的梯形图程序如图5.33所示。

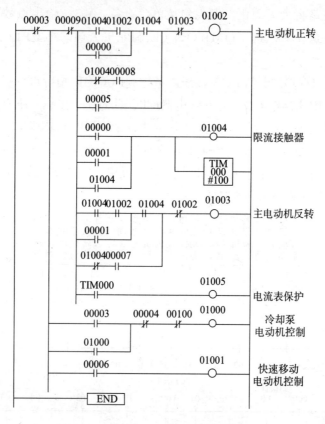

图5.33　C650车床PLC梯形图程序

如何进行X62W铣床PLC控制？

答：X62W铣床的电气原理如图5.34所示。其电气控制电路图按数序分成18个区，其中1区为电源开关及全电路短路保护，2～5区为主回路部分，6～10区和12～18为控制回路部分，11区为照明回路部分。

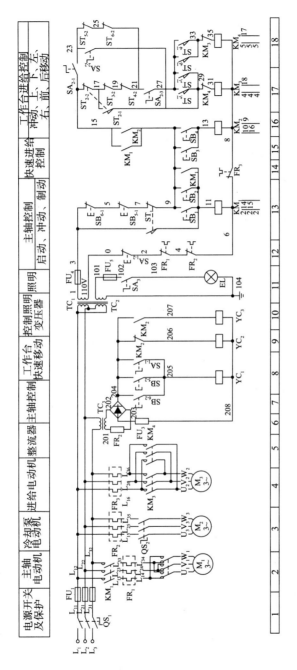

图5.34 X62W铣床继电-接触器控制电气原理图

机床主轴的主运动和工作台的进给运动分别由单独的电动机拖动，并有不同的控制要求。

主轴电动机M_1在空载时直接启动，为满足顺铣和逆铣工作方式的要求，能够正转和反转。为提高生产率，采用电磁制动器进行停车制动，同时从安全和操作方便两方面考虑，换刀时主轴也处于制动状态，主轴电动机可在两处实行启停等控制。

工作台进给电动机M_3直接启动，为满足纵向、横向、垂直方向的往返运动，要求电动机能正反转。为提高生产率，要求空行程时可快速移动。从设备使用安全考虑，各进给运动之间必须联锁，并由手柄操作机械离合器选择进给运动的方向。

冷却泵电动机M_2在铣削加工时提供切削液。

主轴与工作台的变速由机械变速系统完成。在变速过程中，当选定啮合的齿轮没能进入正常啮合状态时，要求电动机能点动至合适的位置，保证齿轮能正常啮合。加工零件时，为保证设备安全，要求主轴电动机启动以后，工作台电动机方能启动工作。

（1）I/O分配与接线图。根据控制要求，首先要确定I/O个数，进行I/O分配。由于X62W铣床的控制电器比较多，遵循机床原有工作原理，只改造控制部分，动力线路不变，辅助的照明灯、指示灯不变。PLC外接线I/O分配见表5.8，PLC控制接线图如图5.35所示。

表5.8 I/O地址分配表

输 入		输 出	
输入设备元件	PLC输入继电器编号	输出设备元件	PLC输出继电器编号
主轴电机M_1启动按钮SB_1、SB_2	X0	主轴电机M_1接触器KM_1	Y0

输　入		输　出	
输入设备元件	PLC输入继电器编号	输出设备元件	PLC输出继电器编号
主轴电机M_1停止按钮SB_5、SB_6	Xl	快速进给接触器KM_2	Y1
快速进给按钮SB_3、SB_4	X2	向左、向前、向下接触器KM_3	Y2
主轴冲动行程开关ST_1	X3	向右、向后、向上接触器KM_4	Y4
进给冲动行程开关ST_2	X4	主轴制动电磁阀YC_1	Y4
向前、向下行程开关ST_3	X5	工作台快速移动电磁阀YC_2	Y5
向后、向上行程开关ST_4	X6	工作台快速移动电磁阀YC_3	Y6
向左行程开关ST_5	X7		
向右行程开关ST_6	X10		
换刀控制开关SA_1	X11		
圆工作台开关（动断）SA_2	X12		
圆工作台开关（动合）SA_2	X13		
主轴、冷却泵电动机热继电器FR_1、FR_2	X14		
进给电动机热继电器FR_3	X15		

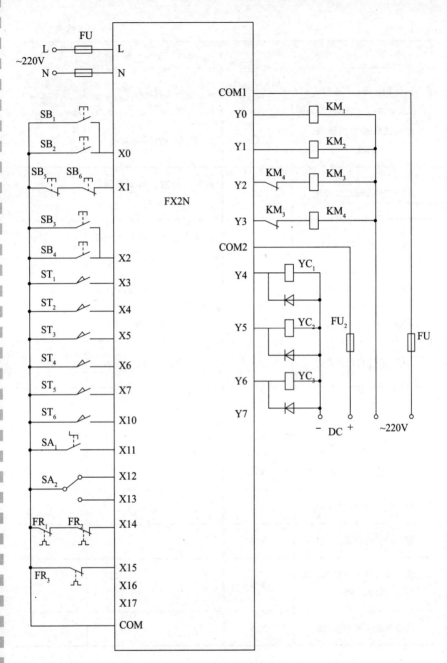

图5.35 PLC控制接线图

（2）梯形图程序设计。根据X62W铣床电气原理图和I/O分配表，绘制出其梯形图如图5.36所示。

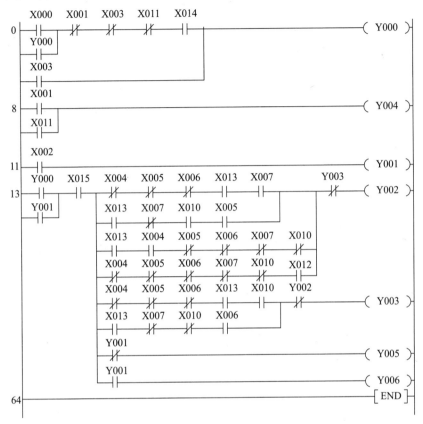

图5.36　X62W铣床PLC梯形图程序

 如何利用PLC改造半精镗床电动机控制电路?

答：半精镗专用机床是用来加工汽车连杆的专用设备，它由左/右滑台、左/右动力头、工件定位夹具、液压站、左/右主轴电动机等组成。左/右滑台及工件的夹紧和放松动作都由液压提供动力。

（1）加工工艺过程。汽车连杆的加工要求精度高。在加工时，要一面两销定位，同时装卡两个工件，使两个工件一起加工。其自动加工工艺过程如图5.37所示。

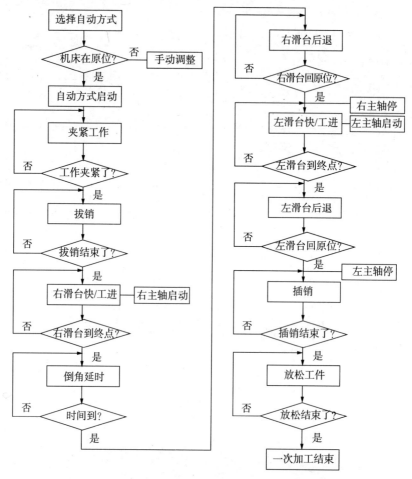

图5.37　半精镗专用机床自动控制流程图

（2）设备的控制要求。

●设置有手动和自动两种控制方式。自动方式用于加工工件，手动方式用于两个动力头位置的调整、插销/拔销等操作。

●自动方式必须在机床处于初始状态时才可启动。所以，应设置机床的初始状态显示，给操作人员以提示。

●为了有效地防止误操作，在启动自动运行方式时，必须同时按住两个按钮才能启动。在手动夹紧工件时，也需同时按住两个按钮才有效。在自动运行过程中，若误按其他按钮时不应影响程序的正常执行。启动自动运行时，处于插销状态下不能启动右滑台前进，必须在拔销后才能启动。

● 当自动方式结束一个循环且对两件连杆加工完后，机床应处于初始状态。

（3）PLC的I/O分配。该设备占用PLC的22个输入点，15个输出点，具体I/O分配见表5.9。

表5.9　I/O地址分配表

输　入		输　出	
输入设备元件	PLC输入继电器编号	输出设备元件	PLC输出继电器编号
自动/手动方式选择开关S	00000	原位指示灯HL	01000
手动夹紧工件操作按钮（1）SB_1	00001	右主轴接触器KM_1线圈	01001
手动夹紧工件操作按钮（2）SB_2	00002	左主轴接触器KM_2线圈	01002
手动放松工件操作按钮SB_3	00003	右滑台快进/工进电磁阀YV_1线圈	01003
手动插销操作按钮SB_4	00004	右滑台快退电磁阀YV_2线圈	01004
手动拔销操作按钮SB_5	00005	左滑台快进/工进电磁阀YV_3线圈	01005
启动主轴按钮SB_6	00006	左滑台快退电磁阀YV_4线圈	01006
自动方式启动按钮(1)SB_7	00007	夹紧电磁阀（1）YV_5线圈	01007
自动方式启动按钮(2)SB_8	00008	放松电磁阀（1）YV_6线圈	01100

输　入		输　出	
输入设备元件	PLC输入继电器编号	输出设备元件	PLC输出继电器编号
左/右滑台进手动操作按钮SB$_9$	00009	夹紧电磁阀（2）YV$_7$线圈	01101
左/右滑台退手动操作钮SB$_{10}$	00010	放松电磁阀（2）YV$_8$线圈	01102
工件夹紧压力继电器SP$_0$	00101	夹紧电磁阀（3）YV$_9$线圈	01103
右滑台压力继电器SP$_1$	00102	放松电磁阀（3）YV$_{10}$线圈	01104
左滑台压力继电器SP$_2$	00103	拔销电磁阀YV$_{11}$线圈	01105
工件夹紧到位限位开关ST$_1$	00104	插销电磁阀YV$_{12}$线圈	01106
拔销到位限位开关ST$_2$	00105		
右滑台终点限位开关ST$_3$	00106		
右滑台原位限位开关ST$_4$	00107		
左滑台终点限位开关ST$_5$	00108		
左滑台原位限位开关ST$_6$	00109		
插销到位限位开关ST$_7$	00110		
工件放松到位限位开关ST$_8$	00111		

（4）各压力继电器的状态。

● SP$_0$：从工件夹紧到位开始的全部加工过程中一直保压，其触点动作。当放松工件时触点复位。

● SP$_1$：右工进达到一定压力时其触点动作，右快退时触点复位。

● SP$_2$：左工进达到一定压力时其触点动作，左快退时触点复位。

（5）PLC控制程序。图5.38所示是半精镗专用机床的PLC控制梯形图。

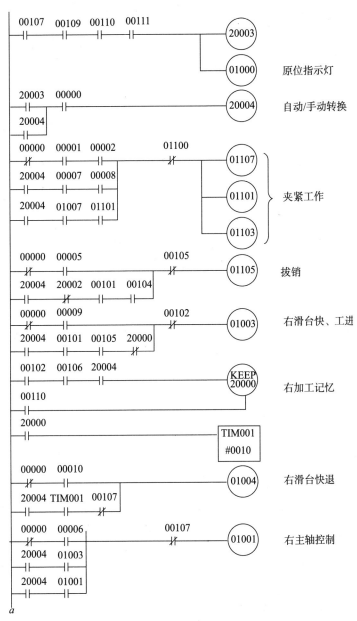

图5.38 半精镗专用机床PLC控制梯形图

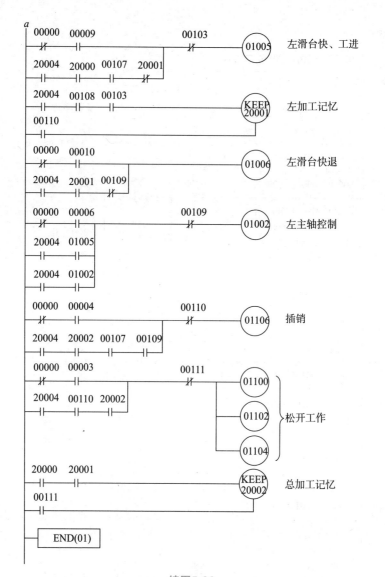

左滑台快、工进

左加工记忆

左滑台快退

左主轴控制

插销

松开工作

总加工记忆

续图5.38

如何阅读半精镗专用机床PLC程序?

答：在阅读图5.38所示的半精镗专用机床PLC控制梯形图时，应先仔细阅读工艺过程、控制要求和流程图，弄清I/O分配和各工步时电磁阀的状态，读者可参考以下提纲练习阅读该程序。

（1）机床的自动运行方式必须在初始状态下才能启动，程序怎样实现这个要求。

（2）工件夹紧动作是整个加工过程的第一步，程序怎样实现工件夹紧的自动和手动操作。

（3）夹紧之后要拔销才能进行加工，程序怎样实现工件的自动和手动拔销。

（4）拔销到位后，右滑台快进，右主轴启动，程序怎样实现这个动作的自动和手动操作。

（5）右加工完毕，右滑台应自动后退，程序怎样实现这个动作的自动和手动操作。

（6）右滑台退回原位时，左滑台快进，左主轴启动，程序怎样实现这个动作的自动和手动操作。

（7）左加工完毕，左滑台应自动后退，程序怎样实现这个动作的自动和手动操作。

（8）欲卸下工件，应先插销，后放松才能取下工件，程序怎样实现自动和手动插销。

（9）插销到位后应能自动放松夹具，程序怎样实现自动和手动放松夹具的操作。

（10）自动运行方式时，插销状态下不允许右滑台快进，程序是怎样实现这个控制的。

（11）自动运行方式时，程序是怎样避免左、右滑台不能同时快进的。

（12）在自动运行过程中，若误按其他按钮时不会影响程序的正常执行，程序是怎样实现这种控制要求的。

如何利用PLC改造M7120磨床电动机控制电路？

答：M7120平面磨床的继电−接触器式控制原理图如图5.39所示。

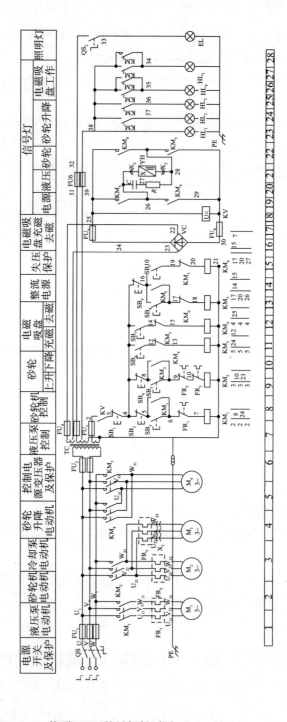

图5.39 M7120平面磨床的继电-接触器控制原理图

M7120型平面磨床共由4台电动机拖动。其中，M_1为液压泵电动机，M_2为砂轮电动机，M_3为冷却泵电动机，M_4为砂轮升降电动机。合上总电源开关QS，16区中电压继电器线圈KV通电，7区中动合触点闭合，接通控制电源。

● 液压泵电动机M_1的控制：按下启动按钮SB_3时，接触器KM_1闭合并自锁，液压泵电动机M_1启动运转；按下停止按钮SB_2时，接触器KM_1释放，M_1停止运转。

● 砂轮电动机M_2的控制：按下启动按钮SB_5时，接触器KM_2闭合并自锁，砂轮电动机M_2启动运转；按下停止按钮SB_4时，接触器KM_2释放，砂轮电动机M_2停止运转。

● 冷却泵电动机M_3的控制：在砂轮电动机M_2启动后，通过接插件X1的插入和拔出控制其运行和停止。

● 砂轮升降电动机M_4的控制：由按钮SB_6点动控制其正转，由按钮SB_7点动控制其反转。

● 电磁吸盘YH的控制：由按钮SB_8、SB_9、SB_{10}控制其充磁和去磁。按下按钮SB_8，接触器KM_5闭合，电磁吸盘YH充磁；按下按钮SB_9，电磁吸盘YH停止充磁；按下按钮SB_{10}，接触器KM_6闭合，电磁吸盘YH点动去磁。

● 热继电器FR_1、FR_2、FR_3分别为液压泵电动机、砂轮电动机和冷却泵电动机提供过载保护。

（1）I/O分配表与接线图。根据M7120型平面磨床的电气控制线路设定PLC输入、输出分配表，见表5.10。

表5.10　I/O地址分配表

输　入			输　出		
元件名称	代号	输入点编号	元件名称	代号	输出点编号
电压继电器	KV	X0	液压泵电动机M_1接触器	KM_1	Y0
总停止按钮	SB_1	X1	砂轮电动机M_2接触器	KM_2	Y1

输　入			输　出		
元件名称	代号	输入点编号	元件名称	代号	输出点编号
液压泵电动机M₁停止按钮	SB₂	X2	砂轮上升接触器	KM₃	Y2
液压泵电动机M₁启动按钮	SB₃	X3	砂轮下降接触器	KM₄	Y3
砂轮电动机M₂停止按钮	SB₄	X4	电磁吸盘充磁接触器	KM₅	Y4
砂轮电动机M₂启动按钮	SB₅	X5	电磁吸盘去磁接触器	KM₆	Y5
砂轮升降电动机M₄上升按钮	SB₆	X6	冷却泵电动机接触器	KM₇	Y6
砂轮升降电动机M₄下降按钮	SB₇	X7			
电磁吸盘YH充磁按钮	SB₈	X10			
电磁吸盘YH充磁停止按钮	SB₉	X11			
电磁吸盘YH去磁按钮	SB₁₀	X12			
冷却泵电动机M₃启动按钮	SB₁₁	X13			
冷却泵电动机M₃停止按钮	SB₁₂	X14			
液压泵电动机M₁热继电器	FR₁	X15			
砂轮电动机M₂热继电器	FR₂	X16			
冷却泵电动机M₃热继电器	FR₃	X17			

根据I/O分配表确定M7120型平面磨床的PLC控制接线图，如图5.40所示，其中将冷却泵电动机M_3从原来的插件X1改为用按钮SB_{11}、SB_{12}控制的KM_7来控制。

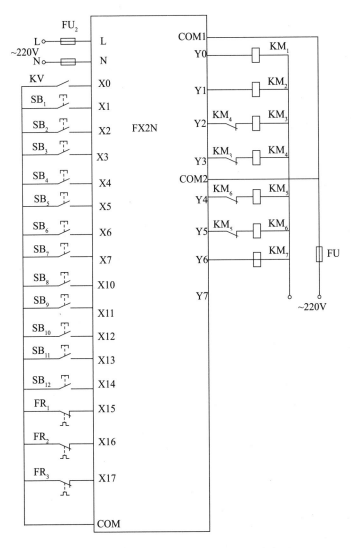

图5.40　M7120型平面磨床的PLC控制接线图

（2）控制程序设计。根据M7120控制电路编写梯形图和指令语句表，如图5.41所示。

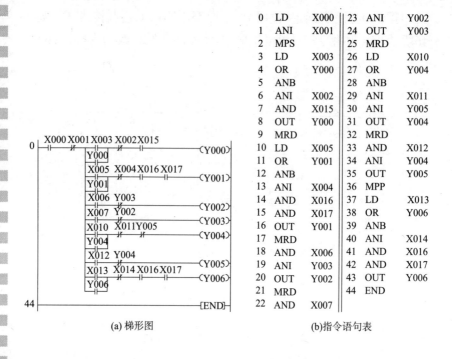

0	LD	X000	23	ANI	Y002
1	ANI	X001	24	OUT	Y003
2	MPS		25	MRD	
3	LD	X003	26	LD	X010
4	OR	Y000	27	OR	Y004
5	ANB		28	ANB	
6	ANI	X002	29	ANI	X011
7	AND	X015	30	ANI	Y005
8	OUT	Y000	31	OUT	Y004
9	MRD		32	MRD	
10	LD	X005	33	AND	X012
11	OR	Y001	34	ANI	Y004
12	ANB		35	OUT	Y005
13	ANI	X004	36	MPP	
14	AND	X016	37	LD	X013
15	AND	X017	38	OR	Y006
16	OUT	Y001	39	ANB	
17	MRD		40	ANI	X014
18	AND	X006	41	AND	X016
19	ANI	Y003	42	AND	X017
20	OUT	Y002	43	OUT	Y006
21	MRD		44	END	
22	AND	X007			

(a) 梯形图   (b)指令语句表

图5.41 M7120平面磨床PLC控制程序

如何利用PLC改造T68镗床电动机控制电路？

答：T68镗床电气控制原理如图5.42所示。镗床上共有2台电动机，分别为M_1和M_2。M_1负责主轴的旋转和进给，M_2是快速进给电动机。镗床有3个操作手柄，2个与M_1有关，1个与M_2有关，名称是主轴变速操作手柄、主轴进给变速操作手柄、快速进给操作手柄。有9个行程开关，SQ_1与SQ_2负责两个变速手柄的联锁，不可同时动作；SQ_3、SQ_4、SQ_5、SQ_6都与变速手柄有关；SQ_7与主轴变高速时有关；SQ_8、SQ_9为快速进给的两个方向限位。有7个接触器，其中KM_1控制主轴正转；KM_2控制主轴反转；KM_3用于启动时闭合，制动时断开串电阻；KM_4控制主轴低速；KM_5控制主轴高速；KM_6控制快速正向进给；KM_7控制快速反向进给。KT为时间继电器，用于低速向高速转换延时。

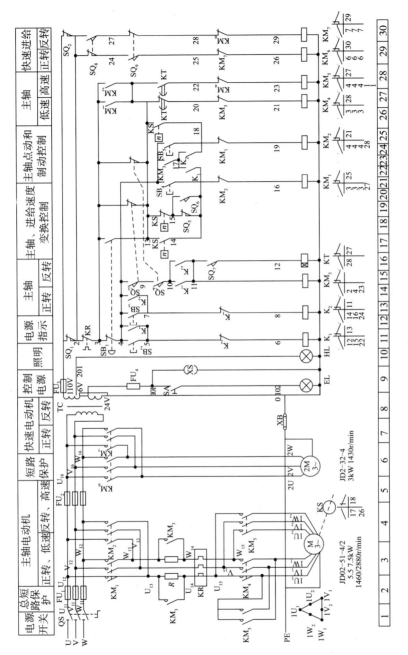

图5.42 T68镗床电气控制原理图

主轴可以正反转，并分高低速运行，还可以实现反接制动。反接制动是靠速度继电器配合反向接法接触器来共同完成的，主轴正向启动时，按下按钮SB_2，然后KM_3闭合，KM_1闭合，KM_4闭合，主轴电动机此时以低速正转运行。要高速运行时，只要扳动主轴变速手柄，将此手柄置于高速位置，这时限位开关SQ_7被压下，接通通电延时时间继电器KT，经过延时后，KM_4断开，KM_5闭合，主轴电动机高速运行。无论何时主轴高速运行，都要先经低速后再到高速，制动时，只要按下停止按钮SB_1，速度继电器KS的动合触点就会配合反向接触器KM_2，把电动机的速度立刻降下来；如果先启动了反向，整个过程与正向相同，但起制动作用的是KM_1。如果在主轴工作过程中需变速，这时不用按停止按钮SB_1，只要将主轴变速操作盘的操作手柄拉出，使行程开关SQ_3不再受压，SQ_5也不再受压，使KM_3、KT线圈断电释放，KM_1（或KM_2）也随之断电，之后反接制动回路又能形成，使KM_2（或KM_1）、KM_4线圈立即得电吸合。电动机M_1在低速状态下串电阻反接制动，当制动结束后，便可转动变速操纵盘进行变速。变速后，将手柄推回原位，使SQ_3、SQ_5的触点恢复原来状态，使KM_3、KM_1（或KM_2）、KM_4的线圈相继得电吸合，电动机按原来的转向启动，而以新选定的转速运转。变速时，若手柄出现卡住问题，这时SQ_5配合KS的动断触点，周期性地使KM_1、KM_4线圈相继得电吸合，直至齿轮啮合后，卡住问题消失，才可推回操纵手柄，变速冲动才算结束。如果主轴在进给过程中希望变速，这时只要拉开进给变速操作手柄即可，此时与之相关联的行程开关是SQ_4、SQ_6，动作过程与主轴转动是相同的。这两个变速过程是靠两个操作手柄来完成的。如果这两个操作手柄同时被扳动，那么这时与之相对应的SQ_1、SQ_2就都断开了，控制回路全部断电，因此这两个手柄不能同时动作。

快速进给电动机M_2的控制，这里又有一个操作手柄，名称叫快速进给操作手柄，将它向里推，压合行程开关SQ_9，使KM_6线圈得电吸合，M_2正向启动，松开手柄，快速进给停止，SQ_9复位，使KM_6失电；反之，向外拉手柄时，压合SQ_8，使KM_7圈得电吸合，电动机反向启动。

（1）用PLC改造T68镗床电气控制系统，外部接线如图5.43所示。

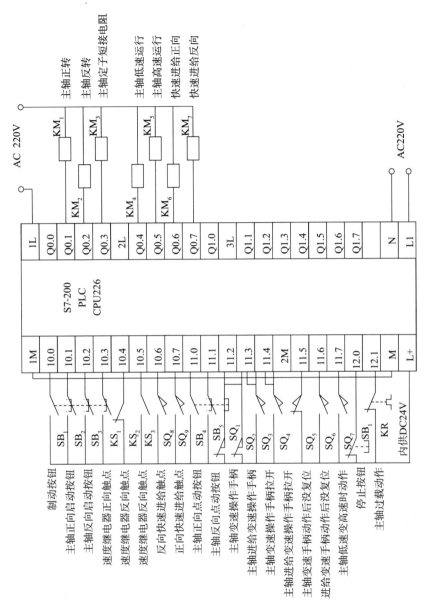

图5.43　PLC接线图

（2）PLC控制程序语句表及注释。

主程序　　　　程序注解

```
Network 1
LD   I2.1      //主轴电动机过载时此点断开
A    I1.2      //主轴箱与主轴不能同时为快速
A    I2.2      //停止按钮
LPS
LD   I0.1      //主轴正向启动按钮
O    M0.1
ALD
AN   M0.2
=    M0.1      //主轴正向运行继电器
LRD
LD   I0.2      //主轴反向启动按钮
O    M0.2
ALD
AN   M0.1
=    M0.2      //主轴反向运行继电器
LPP
LD   M0.1
O    M0.2
A    I1.3      //主轴变速操作中此点断开
A    I1.4      //主轴进给变速操作中此点断开
ALD
=    O0.3      //主轴不带电阻启动
A    I1.7      //主轴低速变高速时此点闭合
TON T37,30     //主轴快慢速转换延时
Network2
LD   I1.5      //如主轴变速手柄动作后没复位时此点闭合
O    I1.6      //如主轴进给变速手柄动作后没复位时此点闭合
```

第5章 PLC控制电动机电路

```
LDN     I1.3      //主轴变速手柄动作时此点闭合
ON      I1.4      //主轴进给变速手柄动作时此点闭合
ALD
A       I0.4      //主轴低速时此点闭合
LD      M0.1      //主轴正常正向运行时此点闭合
A       Q0.3
O       I1.0      //主轴正向点动按钮
OLD
AN      Q0.2      //主轴反向互锁
A       I2.0      //停止按钮
LD      I0.0      //制动按钮
O       Q0.1
A       I0.3      //速度继电器触点，此刻应闭合
OLD
A       I1.2      //两种变速操作手柄都没动作时此点闭合
A       I2.1      //主轴电动机没过载时此点闭合
=       Q0.1      //主轴电动机正向运行接触器
Network3
LD      M0.2
A       Q0.3
O       I1.I      //主轴电动机反向运行点动
AN      Q0.1      //主轴正向互锁
A       I2.0      //停止按钮
LD      I0.0      //制动按钮
O       Q0.2
A       I0.5      //速度继电器触点，此刻应闭合
OLD
A       I1.2      //两种变速操作手柄都没动作时此点闭合
```

```
A      I2.1       //主轴电动机没过载时此点闭合
=      Q0.2       //主轴电动机反向运行接触器
Network4
LD     I1.2
LPS
LD     Q0.1
O      Q0.2
ALD
LPS
AN     T37        //主轴低速转高速延时
A      I2.1
AN     Q0.5
=      Q0.4       //主轴低速运行接触器
LPP
A      T37
A      I2.1
AN     Q0.4
=      Q0.5       //主轴高速运行接触器
LPP
LPS
A      I0.7       //正向快速进给触点
AN     I0.6
AN     Q0.7       //正向快速进给互锁
=      Q0.6       //正向快速进给接触器
LPP
A      I0.6       //反向快速进给触点
AN     I0.7
AN     Q0.6       //正反向快速进给互锁
=      Q0.7       //反向快速进给接触器
```

如何利用PLC改造Z3050摇臂钻床电动机控制电路?

答:Z3050摇臂钻床的电气原理如图5.44所示。

(1)控制要求。

●主轴电动机电路。主轴电动机随时都可以启停并保持,SB_2为启动按钮,SB_1是停止按钮,KM_1是接触器,KR_1是热继电器。

●摇臂的升降控制电路。SB_3是摇臂上升按钮,SB_4是下降按钮,SQ1U是上升终端限位开关,SQ1D是下降终端限位开关,KM_2是上升接触器,KM_3是下降接触器。要使摇臂上升,就要按下按钮SB_3,这时如果摇臂处在抱住立柱的位置,则SQ_2限位开关的动合触点断开,动断触点闭合,这样控制油泵放松的接触器KM_4与电磁铁YA就先得电,使摇臂与立柱松开,当放松到位时,SQ_2动作,动合触点闭合,动断触点断开,这样摇臂就可以上升了。下降也是同样的动作过程。当上升结束时,松开按钮SB_3,KT、KM_2、KM_3、KM_4全部失电,经过KT延时闭合的动断触点的延时后,油泵夹紧方向的接触器KM_5得电吸合。同时YA继续得电吸合直到夹紧到位,SQ_3限位开关动作,KM_5与YA全部失电。

●立柱与主轴箱的夹紧与放松电路。SB_5是立柱放松按钮,SB_6是立柱夹紧按钮。

(2)程序设计。

●根据控制要求,首先要确定I/O个数,进行I/O分配。机床改造的基本思想是遵循原有工作原理,只改造控制部分,动力线路不变,辅助的照明灯、指示灯不变。PLC外接线如图5.45所示。

●控制系统梯形图程序,如图5.46所示。

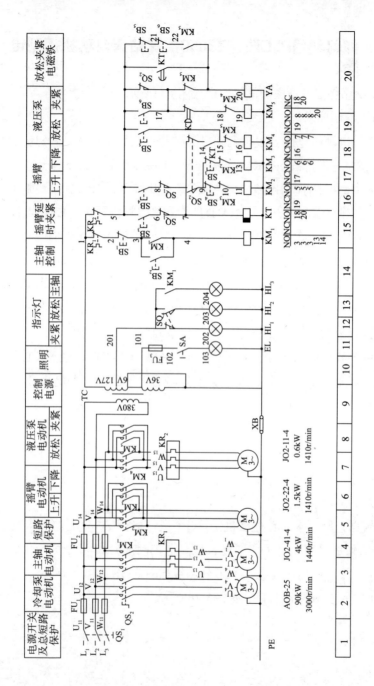

图5.44 Z3050摇臂钻床的电气原理图

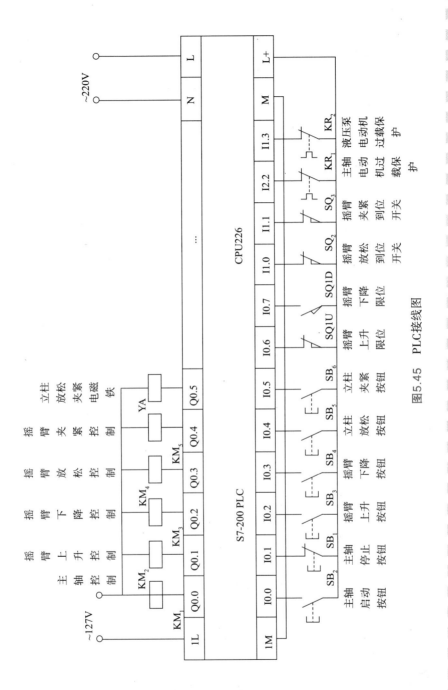

图5.45 PLC接线图

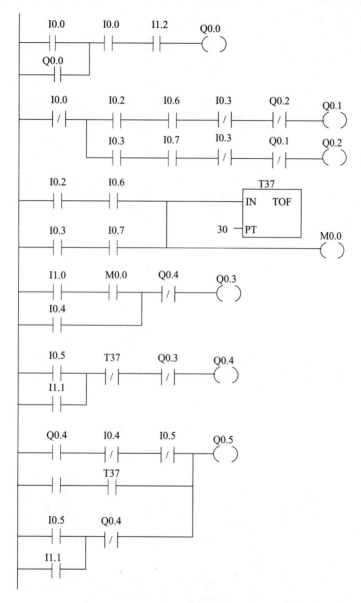

图5.46　PLC梯形图

（3）程序的语句表及注释。

Network1

```
LD      10.0      //主轴启动
O       Q0.0
A       I0.1      //主轴停止
A       I1.2      //主轴电动机过载保护
=       Q0.0      //主轴电动机接触器线圈
Network2
LD      I1.3      //液压泵电动机过载保护
LPS
AN      I1.0      //摇臂放松到位此点闭合摇臂才可上升或
                    下降

LPS
A       I0.2      //摇臂上升控制按钮
A       I0.6      //摇臂上升到位此点断开
AN      I0.3      //如按摇臂下降按钮上升就会停止
AN      Q0.2      //如摇臂正在下降就不会上升
=       Q0.1
LPP
A       I0.3      //摇臂下降控制按钮
AN      I0.7      //摇臂下降到位此点断开
AN      I0.2      //如按摇臂上升按钮下降就会停止
AN      Q0.1      //如摇臂正在上升就不会下降
=       Q0.2      //摇臂电动机下降接触器线圈
LRD
LD      I0.2
A       I0.6
LD      I0.3
AN      I0.7
OLD
ALD
```

```
TOF    T37,30      //无论上升或下降都要使断电延时继电
                      器得电
=      M0.0        //无论摇臂上升或下降都应使摇臂先放松
LRD
LD     I1.0        //摇臂放松到位此点断开
A      M0.0
O      I0.4        //立柱和主轴箱松开按钮
ALD
AN     Q0.4        //夹紧与松开的互锁
=      Q0.3        //立柱和主轴箱松开接触器线圈
LRD
LD     I0.5        //立柱和主轴箱夹紧按钮
O      I1.1        //摇臂夹紧到位到此点断开
ALD
AN     T37         //摇臂上升或下降后要延时一段时间再夹紧
AN     Q0.3        //松开与夹紧的互锁
=      Q0.4        //立柱和主轴箱夹紧接触器线圈
LPP
LD     Q0.4        //在摇臂夹紧过程中电磁铁也随之动作
AN     I0.4
AN     I0.5
O      T37
LD     I0.5
O      I1.1
AN     Q0.4
OLD
ALD
=      Q0.5        //与摇臂升降同时动作的电磁铁的控制
                      线圈
```

如何利用PLC改造CE7132车床电动机控制电路？

答：CE7132仿形车床是用来粗车、半精车圆柱形、阶梯形、圆锥形及其他旋转曲面等轴类零件的外圆、车槽、车端面及倒角的通用机床。目前，这种机床仍采用继电器电路控制。控制系统由31个中间继电器，19个行程开关，15个按钮，2个时间继电器，13个电磁阀，还有若干转换开关、电磁离合器、插销座、普通二极管组成。其控制线路非常复杂，故障率很高，可靠性差，生产率低。因此，有必要对CE7132仿形车床的电气控制系统进行电气改造。

（1）控制要求。CE7132仿形车床主要由下切刀架、仿形刀架、回转刀架、尾架等部分组成。加工工件时尾架顶紧工件后，根据刀架动作选择开关选择单仿、先切，同时切或后切。根据加工要求通过选择开关可选择一次行程、二次行程或三次行程，主轴转速，起始行程及进给量。应有自动、调整两种工作方式。各执行部件的动作由电气-液压联合控制，由液压装置来实现，液压电磁阀的动作见表 5.11。

表5.11 CE7132仿形车床电磁阀动作要求

机床动作 ＼ 电磁阀号	YV											
	1	2	3	4	5	6	7	8	9	10	11	12
仿形刀架引刀	+											
仿形刀架退刀	–											
仿形刀架纵向快进		+	–	+	–	–						
仿形刀架工作进给 S_1		+	–	–	+	–						
仿形刀架工作进给 S_2		+	–	–	–	+						
仿形刀架工作进给 S_3		+	–	–	+	+						

电磁阀号\机床动作	YV											
	1	2	3	4	5	6	7	8	9	10	11	12
仿形刀架进给减退		+	−	−	−	−						
仿形刀架纵向快退		−	+	+	−	−						
回转刀架转向								+				
回转刀夹紧								−				
尾架后退									+			
尾架前进									−			
下切刀架快进										+	−	−
下切刀架工作进给										+	−	+
下切刀架工作退回										−	+	+
下切刀架快速退回										−	+	+

（2）PLC控制系统设计。

●硬件系统设计。根据上述控制要求，需要PLC检测的输入信号有启动、停止及各部件调整按钮15个，自动加工过程中各工步的主令转换电气行程开关16个，各种转换选择开关信号18个。

PLC输出的控制信号有控制各执行部件工作的17个电磁阀控制主轴转速及制动的4个电磁离合器，电源信号、床鞍原位及三次行程指示的5个指示灯，控制液压电动机、主电动机、冷却电动机的接触器KM₁～KM₃。

根据输入输出信号的数量，PLC通常选用F1-60MR基本单元加F1-20ER扩展单元，主电动机和液压电动机不通过PLC控制，这样完全能满足控制要求。现在采用了另一种控制方案，利用自动、调整转换开关 SA，使部分输入点共用，即在自动工作方式下各部件调整按钮不起作用，而在调整工作方式下，有些行程开关也不起作用。 这样就可以使它们两两共用一个输入点，从而可以节约大量的输入点。因此，我们选用F1-60MR基本单元完全能满足控制要求。PLC电气控制系统I/O分配见表5.12，PLC接线图如图5.47所示。

表5.12　I/O地址分配表

输入部分					
地　址	元　件	功　能	地　址	元　件	功　能
000	SA	自动调整转换开关	007	SA_{7-2}	下切刀架同时切
011	SA_8	下切刀架慢退转快退	010	SA_{7-1}	下切刀架后切
411	SB_6	循环停止按钮	012	SA_9	第一次主轴变速行程
002	SQ_{11}	仿形刀架退刀终点	013	SA_{10}	第二次主轴变速行程
506	SQ_1	床鞍原位	400	SA_{11}	第三次主轴变速行程
510	SQ_{13}	刀架回转过程被压	401	SA_{12}	第一次床鞍快速行程
512	SQ_{17}	下切刀架原位终点	402	SA_{13}	第二次床鞍快速行程
513	SQ_{18}	下切刀架进给转换	403	SA_{14}	第三次床鞍快速行程
407	SQ_{19}	尾架脚踏开关	404	SA_{15-2}	一次行程选择开关
511	SQ_{16}	进给量转换	405	SA_{15-1}	二次行程选择开关
004	SA_{6-2}	一次行程开始选择开关	001	SA_{3-3}	主轴转速n_2
005	SA_{6-1}	二次行程开始选择开关	500	SA_{3-2}	主轴转速n_1
006	SA_{7-3}	下切刀架先切	003	SA_{3-1}	主轴转速n_3
410	SB_5	循环启动按钮	410	SB_{16}	床鞍进给停止
406	SQ_7	三次行程终点	406	SB_4	回转刀架
412	SQ_8	三次行程减慢	412	SB_7	主轴启动
413	SQ_9	主轴变速	413	SB_8	主轴点动/停止
501	SQ_3	一次行程终点	501	SB_{10}	仿形刀架引刀/床鞍进给
502	SQ_4	一次行程减慢	502	SB_{11}	仿形刀架退刀/床鞍快进
503	SQ_5	二次行程终点	503	SB_{12}	床鞍快退
504	SQ_6	二次行程减慢	504	SB_{13}	下切刀架后退
505	SQ_{14}	回转刀架离开原位被压	505	SB_{14}	下切刀架前进
507	SQ_2	纵向快进	507	SB_{15}	下切刀架进给/停止

输出部分					
地 址	元 件	功 能	地 址	元 件	功 能
534	KM_3	冷却电动机	431	YV_6	进给量S_2
533	HL_5	三次行程指示	430	YV_5	进给量S_1
532	HL_4	二次行程指示	037	YV_4	仿形刀架快进
531	HL_3	一次行程指示	036	YV_3	仿形刀架纵进
530	HL_2	床鞍原位指示	035	YV_2	仿形刀架进给
437	YV_{12}	下切刀架减慢	034	YV_1	仿形刀架引刀
436	YV_{11}	下切刀架快退	033	4DL	主轴制动
435	YV_{10}	下切刀架快进	032	3DL	主轴转速n_3
434	YV_8	尾架进退	031	2DL	主轴转速n_2
432	YV_7	刀架回转	030	1DL	主轴转速n_1

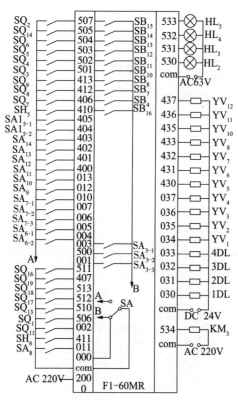

图5.47 PLC接线图

第5章 PLC控制电动机电路

●软件设计。由于CE7132仿形车床的下切刀架和仿形刀架可以同时动作，也可以先切后仿形或先仿形后切，还可以单独仿形。另外，仿形刀架的行程次数可以是一次，也可以是二次或三次，起始行程可以从一次行程开始，也可以从二次行程或三次行程开始，整个系统的电气控制很复杂，各工步之间没有明显的顺序关系。因此，在进行程序设计时，整体程序由公共程序、自动程序、调整程序三部份组成，而自动程序和调整程序的执行由跳转指令CJP-EJP实现，当SA打到B位时，000接通，调整按钮起作用，跳过自动程序，执行调整程序，整体程序梯形图如图5.48所示。对于自动程序和调整程序采用了启、停、保电路编程，调整程序梯形图如图5.49所示。

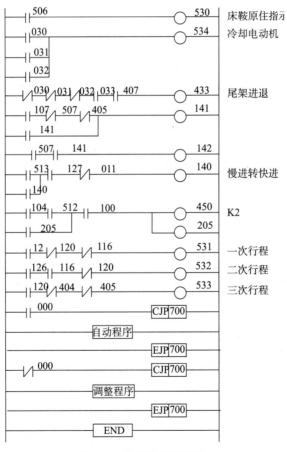

图5.48　整体程序梯形图

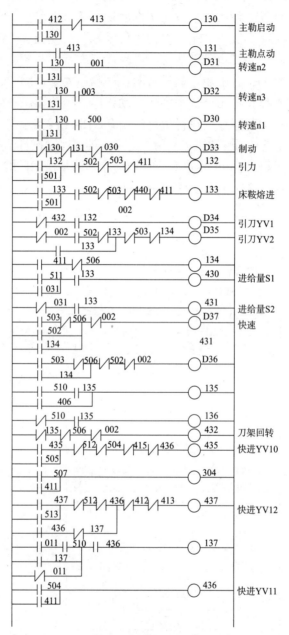

图5.49 调整程序梯形图

第5章 PLC控制电动机电路

第 6 章
变频器控制
电动机电路

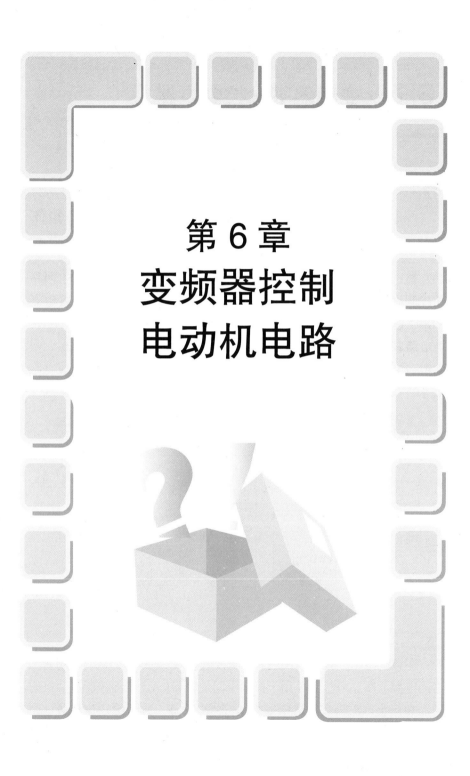

6.1　变频器基本控制电路

变频器调速电动机正转控制电路（一）是如何工作的？

答：图6.1所示为变频器正转控制电路（一）。该电路由主回路和控制回路两大部分组成。主回路包括低压断路器QF、交流接触器KM的主触点、中间继电器KA的触点、变频器内置的AC/DC/AC转换电路以及三相交流电动机等。控制回路包括控制按钮$SB_1 \sim SB_4$、中间继电器KA、交流接触器的线圈和辅助触点以及频率给定调节电路R_p等。

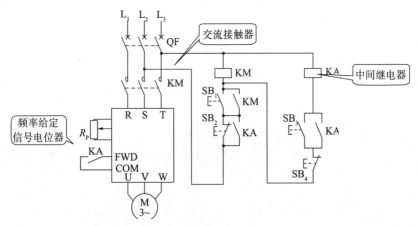

图6.1　变频器调速电动机正转控制电路（一）

在该电路中，SB_1、SB_2用于控制接触器KM的线圈，从而控制变频器的电源通断；SB_3、SB_4用于控制中间继电器KA，从而控制电动机的启动和停止。R_p为变频器频率给定信号电位器，频率给定信号通过调节其滑动触点得到。当电动机工作过程中出现异常时，KM、KA线圈失电，电动机停止运行。

闭合电源开关QF，控制回路得电。按下启动按钮SB$_1$后，KM线圈得电动作并自锁，为中间继电器KA运行做好准备；KM主触点闭合，主回路进入热备用状态。

按下控制按钮SB$_3$后，中间继电器KA线圈得电动作，其触点闭合自锁；防止操作SB$_2$时断电；变频器内置的AC/DC/AC转换电路工作，电动机M得电运行。

停机时，按下按钮SB$_4$，中间继电器KA的线圈失电复位，KA的触点断开，变频器内置的AC/DC/AC电路停止工作，电动机M失电停机。同时，KA的触点解锁，为KM线圈停止工作做好准备。

如果设备暂停使用，就按下开关SB$_2$，KM线圈失电复位，其主触点断开，变频器的R、S、T端脱离电源。如果设备长时间不用，应断开电源开关QF。

本控制电路中的接触器与中间继电器之间有联锁关系：一方面，只有在接触器KM动作并使变频器接通电源后，中间继电器KA才能动作；另一方面，只有在中间继电器KA断开，电动机减速并停机时，接触器KM才能断开变频器的电源。

变频器的通电与断电是在停止输出状态下进行的，在运行状态下一般不允许切断电源。因为电源突然停电，变频器立即停止输出，运转中的电动机失去了降速时间，这对某些运行场合会造成较大的影响，甚至导致事故发生。

变频器调速电动机正转控制电路（二）是如何工作的？

答：图6.2所示为变频器调速电动机正转控制电路（二），该控制电路由主回路和控制回路等组成。主回路包括低压断路器QF、交流接触器KM的主触点、变频器内置的AC/DC/AC转换电路以及三相交流电动机M等。控制回路包括控制按钮SA、SB$_1$、SB$_2$，交流接触器KM的线圈和辅助触点以及频率给定电路等。

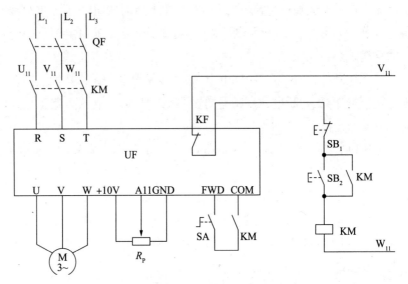

图6.2 变频器调速电动机正转控制电路（二）

在控制回路中，变频器的过热保护触点用KF表示。+10V电压由变频器UF提供；R_P为频率给定信号电位器，频率给定信号通过调节其滑动触点得到。

合上电源开关QF，电路输入端得电进入备用状态。

按下控制按钮SB$_2$后，电流依次经过V$_{11}$→KF→SB$_1$→SB$_2$→KM线圈→W$_{11}$，接触器的线圈得电吸合，它的一组动合触点闭合自锁，另一组动合触点也闭合，为操作SA按钮做好准备。同时，接触器主触点闭合，变频器进入热备用状态。

操作旋转开关SA，闭合FWD（正转控制端子）-COM（公共端）端子，变频器启动运行，电动机工作在变频调速状态。

变频器可按厂方设定的参数值运行，也可按用户给定的参数条件运行。

变频器调速电动机正转控制电路（三）是如何工作的？

答：图6.3所示为变频器调速电动机正转控制电路（三），该控制电路由主回路和控制回路等组成。主回路包括低压断路器QF、接触器KM的主触点、变频器内置的AC／DC／AC转换电路以及三相交流电动机M等。控制回路包括按钮开关SB$_1$、SB$_2$，交流接触器KM的线圈和辅助触点以及旋转开关SA等。

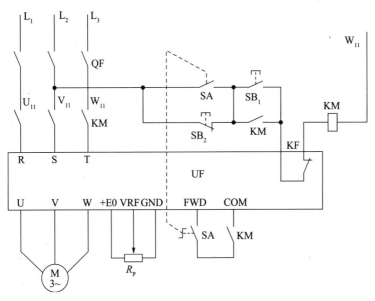

图6.3　变频器调速电动机正转控制电路（三）

该电路巧妙地利用接触器KM的辅助动合触点，将其串联在FWD端与COM端之间，利用旋转开关的动合触点并将其接在停止按钮SB$_2$上。只有接触器KM接通，电动机才能启动；只有SA旋转开关断开，才能切断变频器电源。

从KF端引出的变频器内置动断触点串接在控制回路中，以便在变频器发出跳闸信号时断开接触器线圈工作电源，确保系统停止工作。

合上电源开关QF，按下SB$_1$，电流依次经过V$_{11}$→SB$_2$→SB$_1$→KF→

KM线圈→W_{11}，接触器KM的线圈得电动作并自锁，FWD端与COM端之间的触点同时闭合，为变频器投入工作做好准备。接通旋转开关SA（SB_2的停止功能暂时失效），R、S、T端与U、V、W端之间的变频电路工作，电动机启动运行。可通过调节R_p确定变频器的工作频率。

需要停机时，首先断开旋转开关SA，恢复SB_2的停止功能，变频器内置的AC/DC/AC转换电路停止工作，电动机失电停止运行。按下SB_2后，接触器KM的线圈失电复位，其主触点、辅助触点同时断开，交流电源与变频器R、S、T端之间的通路被切断，变频器退出热备用状态。

应用变频器正转控制电路的注意事项有哪些？

答：（1）变频器的接线必须严格按产品上标注的符号对号入座，R、S、T是变频器的电源线输入端，接电源线；U、V、W是变频器的输出端，接交流电动机。一旦将电源进线误接到U、V、W端上，将电动机误接到R、S、T端上，必将引起相间短路而烧坏变频管。

（2）变频器有一个接地端，用户应将这个端子与大地相接。如果多台变频器一起使用，则每台设备必须分别与大地相接，不得串联后再与大地相接。

（3）模拟量的控制线所用的屏蔽线，应接到变频器的公共端（COM），但不要接到变频器的地端或大地端。

（4）控制线不要与主回路的导线交叉，无法回避时可采取垂直交叉方式布线。控制线与主回路的导线的间距应大于100mm。

变频器调速电动机正反转控制电路（一）是如何工作的？

答：图6.4所示为变频器调速电动机正反转控制电路。其中，QF为低压断路器，KM为交流接触器，KA_1、KA_2为中间继电器，SB_1为通电按钮，SB$_2$为断电按钮，SB$_3$为正转按钮，SB$_4$为反转按钮，SB$_5$为停止按钮。30B和30C为报警输出触点。R_p为频率给定信号电位器，频率给定信号通过调节其滑动触点得到。

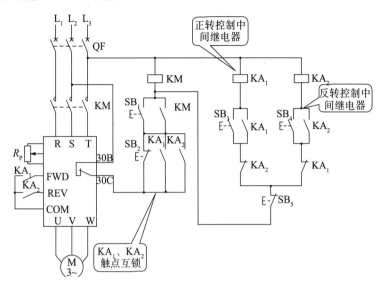

图6.4 变频器调速电动机正反转控制电路（一）

该电路与变频调速电动机正转控制电路不同的是：在电路中增加了REV端与COM端之间的控制开关KA$_2$。按下开关SB$_1$，接触器KM的线圈得电动作并自锁，主回路中KM的主触点接通，变频器输入端（R、S、T）获得工作电源，系统进入热备用状态。

按钮SB$_1$和SB$_2$用于控制接触器KM的吸合与释放，从而控制变频器的通电与断电。按钮SB$_3$用于控制正转继电器KA$_1$的吸合，当KA$_1$接通时，电动机正转。按钮SB$_4$用于控制继电器KA$_2$的吸合，当KA$_2$接通时，电动机反转。按钮SB$_5$用于控制停机。

电机正反转主要通过变频器内置的AC/DC/AC转换电路来实现。如果需要停机，可按下按钮开关SB$_5$，变频器内置的电子线路停止工作，电动机停止运转。

电动机正反转运行操作，必须在接触器KM的线圈已得电动作且变频器（R、S、T端）已得电的状态下进行。同时，正反转继电器互锁，正反转切换不能直接进行，必须停机再改变转向。

按钮开关SB$_2$并联KA$_1$、KA$_2$的触点，KA$_1$、KA$_2$互锁，可防止电动机在运行状态下切断接触器KM的线圈工作电源而直接停机。互锁保持变频器状态的平稳过渡，避免变频器受冲击。换句话说，只有电动机正反转工作都停止，变频器退出运行的情况下，才能操作开关SB$_2$，通过切断接触器KM的线圈工作电源而停止对电路的供电。

变频器故障报警时，控制回路被切断，变频器主回路断电，电动机停机。

变频器调速电动机正反转控制电路（二）是如何工作的？

答：变频器调速电动机正反转控制电路（二）如图6.5所示。该电路由负载工作主回路和控制回路两部分组成。负载工作主回路包括低压断路器QF、交流接触器KM的主触点、变频器内置的AC/DC/AC转换电路以及笼形三相异步交流电动机M等。控制回路包括变频器内置的辅助电路、控制按钮开关SB$_2$、停止按钮开关SB$_1$、交流接触器KM的线圈以及选择开关SA等。

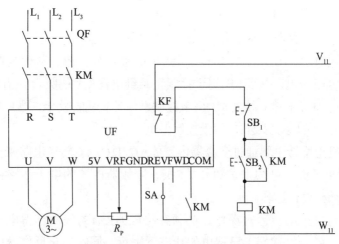

图6.5 变频器调速电动机正反转控制电路（二）

合上电源开关QF，控制电路得电。按下按钮开关SB₂，交流接触器KM的线圈得电吸合并自锁，其主触点闭合，SA端与COM端之间的辅助触点接通，为变频器工作做好准备。

操作选择开关SA，当SA接通FWD端时，电动机正转；当SA接通REV端时，电动机反转。

需要停机时，使SA开关位于断开位置，变频器首先停止工作。再按下按钮SB₁，交流接触器KM的线圈失电复位，其主触点断开三相交流电源。

变频器调速电动机正反转控制电路（三）是如何工作的？

答：变频器调速电动机正反转控制电路（三）如图6.6所示，该电路由以下两部分组成：电动机工作主回路和实现电动机正反转目的的控制回路。主回路包括交流接触器KM的主触点、变频器内置的正相序和反相序AC/DC/AC变换器以及三相交流电动机M等。控制回路包括变频器UF的内置辅助电路，控制按钮SB₁、SB₂，停止按钮SB₃，正反转控制按钮SF、SR，接触器KM的线圈，继电器KA₁、KA₂以及电位器R_p等。

图中TA-TB为变频器内置的输出动断触点；TC-TB为变频器内置的输出动合触点；+10V电源由变频器提供；R_p为频率给定信号电位器，频率给定信号通过调节其滑动触点得到。

变频器电源的接通与否由接触器的主触点控制。本电路与变频调速电动机正转控制电路不同的是：在电路中增加了REV端与COM端之间的控制开关KA₂。当KA₁接通时，电动机正转；当KA₂接通时，电动机反转。

按下开关SB₂，接触器KM的线圈得电动作并自锁，主回路中KM的主触点接通，变频器输入端（R、S、T）获得工作电源，系统进入热备用状态。

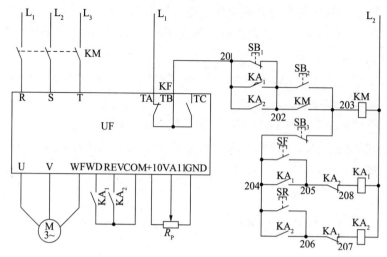

图6.6 变频器调速电动机正反转控制电路（三）

（1）电动机正转操作。按下开关SF，KA$_1$得电动作，其触点（204-205）闭合自锁；KA$_1$的触点（206-207）断开，禁止KA$_2$线圈参与工作；KA$_1$的触点（201-202）闭合，SB$_1$退出运行；KA$_1$的触点（FWD-COM）闭合，变频器内置的AC／DC／AC转换电路工作，电动机正转。如果需要停机，可按下按钮开关SB$_3$，KA$_1$线圈失电，其触点（FWD-COM）断开，变频器内置的电子线路停止工作，电动机停止运转。

如果在操作过程中欲使电动机反转，则必须先按下SB$_3$，使继电器KA$_1$的线圈失电复位，然后再进行换向操作。

（2）电动机反转操作。按下开关SR，KA$_2$线圈得电动作，其触点（204-206）闭合自锁；KA$_2$的触点（205-208）断开，禁止KA$_1$线圈参与工作；KA$_2$的触点（201-202）闭合，SB$_1$退出运行；KA$_2$的触点（REV-COM）闭合，变频器内置的电子线路工作，电动机得电反转。如果需要停机，可按下按钮开关SB$_3$，KA$_2$线圈失电，其触点（REV-COM）断开，变频器内置的电子线路停止工作，电动机停止运转。

为了保证电动机正转启动与反转启动互不影响，应分别在KA_1的线圈回路中串联KA_2的动断触点（205-208），在KA_2的线圈回路中串联KA_1的动断触点（206-207），这样的电路结构称为电气联锁。在电动机正反向运行都未进行时，若要断开变频器供电电源，只要按下SB_1即可。

电动机的正反转运行操作，必须在接触器KM的线圈已得电动作且变频器（R、S、T端）已得电的状态下进行。与按钮SB_1并联的KA_1、KA_2的触点，主要用于防止电动机在运行状态下切断接触器KM的线圈工作电源而直接停机。只有电动机正反转工作都停止，变频器退出运行的情况下，才能操作开关SB_1，通过切断接触器KM的线圈工作电源而停止对电路的供电。

变频器调速电动机正反转控制电路（四）是如何工作的？

答：图6.7所示为变频器调速联锁控制电动机正反转电路（四）。该电路由以电动机为负载的主回路和以选择开关为转换要素的控制回路两部分组成。主回路包括低压断路器QF、交流接触器KM的主触点、变频器UF内置的AC／DC／AC转换电路以及三相交流电动机M等。控制回路包括控制按钮开关SA_1、SA_2、SB_1、SB_2，交流接触器KM的线圈及其辅助触点，变频器内置的保护触点KF以及选频电位器R_p等。

SA_2为三位（正转、反转、停止）开关，旋转开关SA_1为机械连锁开关，接触器KM为电气连锁触点。SA_2接通时，SB_1退出，SA_1断开；接触器的辅助触点接通时，只有SA_1、SA_2都接通才有效；接触器的触点断开时，SA_1、SA_2接通无效。

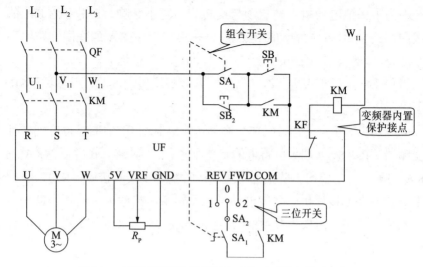

图6.7　变频器调速联锁控制电动机正反转电路（四）

闭合QF，按下按钮开关SB₁，KM线圈得电动作，其辅助触点同时闭合，变频器的R、S、T端得电进入热备用状态。

将SA₁开关旋转到接通位置时，SB₂不再起作用，然后将SA₂拨到"2"位置，变频器内置的AC/DC/AC转换电路开通，电动机启动并正向运行。

如果要使电动机反向运行，应先将SA₂拨到"0"位置，然后再将开关SA₂转到"1"位置，于是电动机反向运行。

停机时，将SA₁转到"0"位置，断开SA₁对SB₂的封锁，做好变频器输入端（R、S、T）脱电准备。按下SB₂，KM线圈失电复位，切断交流电源与变频器（R、S、T）之间的联系。

如果一开始就要电动机反向运行，则先将旋转开关SA₁转到接通位置（SB₂退出），然后按下SB₁，接触器KM的线圈得电动作，其辅助触点同时闭合，变频器的R、S、T端得电，进入热备用状态。将SA₂转到"反转"位置时，变频器内置的电路换相，电动机反向运行。

同样，如果在反向运行过程中要使电动机正向运行，则先将SA₂拨到"0"位置，然后再将开关SA₂转到"2"位置，电动机正向运行。

无反转控制功能变频器如何实现电动机正反转控制?

答:无反转控制功能变频器实现电动机正反转控制电路如图6.8所示。

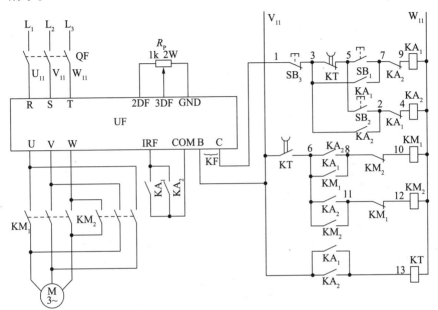

图6.8 无反转控制功能变频器实现电动机正反转控制电路

该电路由以下两部分组成:一是以电动机为负载的主回路;二是以交流接触器和中间继电器等为主的控制回路。主回路包括低压断路器QF,变频器内置的AC/DC/AC转换电路,交流接触器KM₁、KM₂的主触点以及三相交流异步电动机M等。控制回路包括启动按钮开关SB₁、SB₂,停止按钮开关SB₃,交流接触器KM₁、KM₂的线圈和辅助触点,中间继电器KA₁、KA₂,时间继电器KT以及频率给定电位器Rₚ等。

（1）电动机正转控制。合上电源开关QF,按下SB₁,电流依次经过V₁₁→KF的触点（B-C）→SB₃→KT的触点（3-5）→SB₁→KA₂的触点（7-9）→KA₁线圈→W₁₁。

KA₁线圈得电后动作，其触点（3-7）闭合并自锁；KA₁的触点（IRF-COM）闭合，变频器内置电路开通，并将变频电源送达变频器的输出端（U、V、W）；KA₁的触点（2-4）断开，禁止KA₂线圈工作；KA₁的触点（6-8）闭合，为KM₁接触器投入运行做好准备。

KA₁的触点（V₁₁-13）闭合，时间继电器KT的线圈得电动作。这时，时间继电器的触点（3-5）瞬时断开，防止SB₂被误操作；时间继电器的触点(V₁₁-6)瞬时闭合，电流依次经过V₁₁→KT的触点（V₁₁-6）→KA₁的触点（6-8）→KM₂的触点（8-10）→KM₁线圈→W₁₁。

KM₁线圈得电后动作，其触点（6-8）闭合自锁；KM₁的触点（11-12）断开，禁止KM₂线圈工作；KM₁的主触点闭合，电动机获得正相序电源而正向旋转。

（2）电动机反转控制。需要电动机反转时，首先按下停止按钮SB₃，KA₁线圈失电复位，时间继电器KT的线圈也失电复位。

按下反向启动按钮SB₂后，电流依次经过V₁₁→KF的触点（B-C）→SB₃→KT的触点（3-5）→SB₂→KA₁的触点（2-4）→KA₂线圈→W₁₁。

KA₂的线圈得电后动作，其触点（3-2）闭合自锁；KA₂的触点（7-9）断开，禁止KA₁线圈工作；KA₂的触点（1RF-COM）闭合，变频器内置电路开通，将变频电源送达U、V、W端；KA₂的触点（6-11）闭合，为KM₂接触器线圈投入运行做好准备。

KA₂的触点（V₁₁-13）闭合，时间继电器KT的线圈得电动作。时间继电器KT的触点（3-5）瞬时断开，防止SB₁被误操作；KT的触点(V₁₁-6)瞬时闭合，电流依次经过V₁₁→KT的触点（V₁₁-6）→KA₂的触点（6-11）→KM₁的触点（11-12）→KM₂线圈→W₁₁。

KM₂的线圈得电后动作，其触点（6-11）闭合自锁；KM₂的触点（8-10）断开，禁止KM₁线圈工作；KM₂的主触点闭合，电动机M获得反相序电源而反向旋转。

变频器并联运行控制电路是如何工作的？

答：图6.9所示为变频器并联运行控制电路。该电路采用了两台变频器，共用一套控制电路。

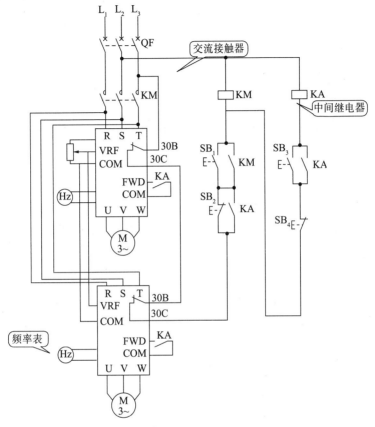

图6.9　变频器并联运行控制电路

　　该电路中两台变频器的电源输入端并联，两台变频器的VRF、COM端并联。总电源受空气开关QF控制；接触器KM控制两台变频器的通电、断电。两台变频器的故障输出端子（30B、30C）均串联在控制电路中，任何一个变频器控制报警时都要切断控制回路，从而切断变频器的电源。

　　通电按钮SB$_1$与接触器KM的动合触点并联，使KM能够自锁，以保证变频器能够持续通电；断电按钮SB$_2$与接触器KM的线圈串联，同时与运行继电器KA动合触点并联，受运行继电器KA的控制。

运行按钮SB$_3$与运行继电器KA的动合触点并联,使KA能够自锁,以保证变频器可连续运行。停止按钮SB$_4$与继电器KA的线圈串联,用于停止变频器的运行,但不能切断变频器的电源。

变频器并联运行、比例运行多用于传送带、流水线的控制场合。

两台变频器的速度给定控制采用同一个电位器。若两台变频器同速运行,可将两台变频器的频率增益等参数设置相同;若两台变频器比例运行,应根据不同比例分别设置各自的频率增益。每台变频器的输出频率由各自的多功能输出端子接频率表(Hz)指示。

两台变频器的运行端子由继电器触点控制。

两地控制变频调速电动机电路是如何工作的?

答:两地控制变频调速电动机电路如图6.10所示。该电路由以下三部分所组成:主回路、电源控制回路和分组升降控制回路。主回路包括低压断路器QF、交流接触器KM的主触点、变频器内置的AC/DC/AC转换电路以及三相交流异步电动机M等。电源控制回路包括甲组控制按钮SB$_5$、SB$_8$,乙组控制按钮SB$_6$、SB$_7$以及交流接触器KM的线圈等。分组升降控制回路包括甲组控制按钮SB$_1$、SB$_2$以及乙组控制按钮SB$_3$、SB$_4$等。

合上电源开关QF,电源控制回路得电。如果是甲组操作,则按下SB$_8$,KM线圈得电动作并自锁,其主触点闭合,三相交流电源送达R、S、T端。如果是乙组操作,则按下SB$_7$,KM线圈得电动作并自锁,其主触点闭合,三相交流电源送达R、S、T端,变频器进入热备用状态。

如果是甲组操作,上升时按SB$_1$,下降时按SB$_2$。如果是乙组操作,上升时按SB$_3$,下降时按SB$_4$。

如果要停止对变频器的R、S、T端送电,可按下SB$_5$或SB$_6$,交流接触器的线圈失电,其主触点断开交流电源。

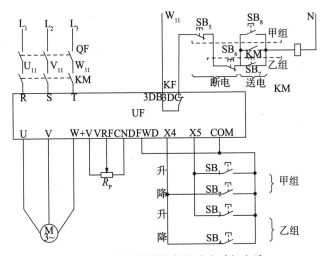

图6.10 两地控制变频调速电动机电路

 变频器控制的电动机带抱闸制动电路是如何工作的?

答：图6.11所示为变频器控制的电动机带抱闸制动电路。

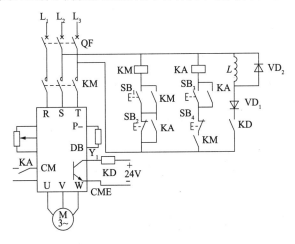

图6.11 电动机带抱闸控制电路

当电磁线圈未通电时，由机械弹簧将闸片压紧，使转子不能转动，处于禁止状态；当给电磁线圈通入电流，电磁力将闸片吸开，转子可以自由转动，处于抱闸松开状态。

将变频器的多功能触点输出端子设为频率到达功能，动合触点输出频率为预置频率0.5Hz。

●抱闸控制过程：当频率小于0.5Hz时，变频器内部动合触点断开→抱闸继电器线圈失电→机械弹簧将闸片压紧转轴→转子不转动（禁止）。

●松闸控制过程：当频率大于0.5Hz时，变频器内部动合触点闭合→抱闸继电器线圈得电→转轴自由转动→电动机启动运行。

这种制动方法在起重机械上广泛应用，如行车、卷扬机、电动葫芦(大多采用电磁离合器制动)等。其优点是能准确定位，可防止电动机突然断电时重物自行坠落而造成事故。

变频–工频调速控制电动机电路是如何工作的？

答：变频器拖动系统中根据生产要求常常需要进行变频–工频运行切换。例如，变频器运行出现故障时需及时将电动机由变频运行切换到工频运行。图6.12所示为变频–工频运行切换电路。

该电路由主回路和控制回路两部分组成。主回路由低压断路器QF，交流接触器$KM_1 \sim KM_3$，变频器内置的变频电路（AC/DC/AC）以及三相交流电动机M等组成。控制回路由控制按钮$SB_1 \sim SB_4$，选择开关SA，交流接触器$KM_1 \sim KM_3$的线圈，中间继电器KA_1和KA_2，时间继电器KT，变频器内置的保护触点30A和30C，选频电位器R_p，蜂鸣器HA以及信号指示灯HL等组成。

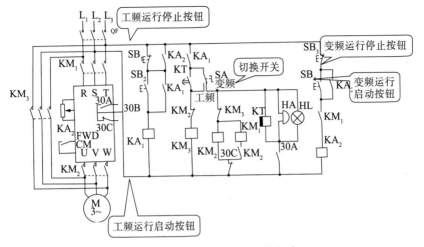

图6.12 变频–工频运行切换电路

该电路有两种运行方式，即工频运行方式和变频运行方式。

（1）工频运行方式。开关SA切换到"工频"位置，按下启动按钮SB$_2$，中间继电器KA$_1$线圈得电后触点吸合并自锁，KM$_2$的触点吸合，KM$_3$线圈得电后动作，此时KM$_3$的动断触点断开，禁止KM$_1$、KM$_2$参与工作。KM$_3$的主触点闭合，电动机按工频条件运行。按下停止按钮SB$_1$后，中间继电器KA$_1$和接触器KM$_3$的线圈均失电，电动机停止运行。

（2）变频运行方式。将SA切换到"变频"位置，接触器KM$_2$、KM$_1$以及时间继电器KT等均参与工作。按下 启动按钮SB$_2$后，中间继电器KA$_1$的线圈得电吸合并自锁，KA$_1$的触点闭合，接触器KM$_2$的线圈得电动作，主触点闭合，其动断触点断开，禁止KM$_3$线圈工作。此时与KM$_1$线圈支路串联的KM$_2$动合触点闭合，KM$_1$线圈得电吸合，其主触点闭合，交流电源送达变频器的输入端（R、S、T）；KM$_1$主触点闭合，为变频器投入工作做好先期准备。

按下SB$_4$后，KM$_1$动合触点闭合，KA$_2$线圈得电动作，变频器的FWD端与COM端之间的触点接通，电动机启动并按变频条件运行。KA$_2$工作后，其动合触点闭合，停止按钮SB$_1$被短接而不起作用，防止误操作按钮开关SB$_1$而切断变频器工作电源。

在变频器正常调速运行时，若要停机，可按下停止按钮SB$_3$，则

KA$_2$线圈失电，变频器的FWD端与COM端之间的触点断开，U、V、W端与R、S、T端之间的AC/DC/AC转换电路停止工作，电动机失电而停止运行。此时交流接触器KM$_1$、KM$_2$仍然闭合待命。同时，KA$_2$与SB$_1$并联的触点也断开，为下一步操作做好准备。

如果变频器在运行过程中发生故障，则变频器内置保护元件30C的动断触点将断开，KM$_1$、KM$_2$线圈失电，从而切断电源与变频器之间以及变频器与电动机之间的联系。与此同时，变频器内置保护开关30A的动合触点接通，蜂鸣器HA和指示灯HL发出声光报警。时间继电器KT的线圈同时得电，延时时间结束后，其动断延时闭合触点接通，KM$_3$线圈得电动作，主回路中的KM$_3$触点闭合，电动机进入工频运行程序。

操作人员听到警报后，可将选择开关SA旋至"工频"位置或"停止"位置，声光报警停止，时间继电器因失电也停止工作。

该主回路没有设置热继电器，应用时可根据实际情况在电动机三相绕组电源输入端增设热继电器，以便于对电动机进行过载保护。

该控制回路的最关键之处是KM$_3$和KM$_2$、KM$_1$的互锁关系，即KM$_2$、KM$_1$闭合时 KM$_3$必须断开；而KM$_3$闭合时，KM$_2$、KM$_1$必须断开，二者不能有任何时间重叠。

该电路调试时，在变频器投入运行后，可先进行工频运行，而后手动切换为变频运行，当两种运行方式均正常后，再进行故障切换运行。故障切换运行可设置一个"外部紧急停止"端子，当这个端子有效，变频器发出故障警报，30C和30A触点动作，自动将变频器切换到工频运行并发出声光报警。

变频器调试时，一些具体的功能参数要根据变频器的具体型号和要求进行预置。

点动、连续运行变频调速电动机控制电路是如何工作的？

答：点动、连续运行变频调速电动机控制电路如图6.13所示。该电路由以下两部分组成：主回路和控制回路。主回路包括低压断路器

QF、变频器内置的AC／DC／AC转换电路以及三相交流电动机M等。控制回路包括控制按钮SB$_1$～SB$_3$，继电器K$_1$、K$_2$，电阻器R_1以及选频电位器R_{P1}、R_{P2}等。

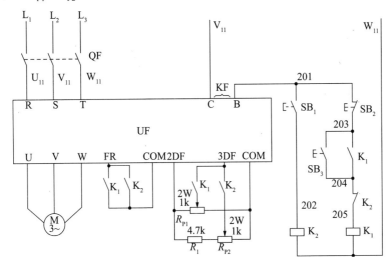

图6.13 点动、连续运行变频调速电动机控制电路

（1）点动工作方式。合上电源开关QF，变频器输入端R、S、T得电，控制回路也得电进入热备用状态。

按下按钮开关SB$_1$，继电器K$_2$的线圈得电，K$_2$在变频器的3DF端与电位器R_{P1}的可动触点之间的触点闭合。同时，K$_2$在变频器的FR端与COM端之间的触点也闭合，变频器的U、V、W端有变频电源输出，电动机得电运行。

调节电位器R_{P1}，可获得电动机点动操作所需要的工作频率。松开按钮开关SB$_1$后，继电器K$_2$的线圈失电，变频器的3DF端与R_{P1}的可动触点之间的联系中断。同时，K$_2$在FR端与COM端之间的触点断开，于是变频器内置的AC／DC／AC转换电路停止工作，电动机失电停止运行。

（2）连续运行工作方式。如果电路已进入热备用状态，可按下按钮开关SB$_3$，电流依次经过V$_{11}$→KF→SB$_2$→SB$_3$→K$_2$的触点（204-205）→K$_1$线圈→W$_{11}$。K$_1$线圈得电动作并自锁，它在变频器的3DF端与R_{P2}的可动触点之间的触点闭合，同时它在变频器的FR端与COM端之间的触点也闭合，变频器内置的AC／DC／AC转换电路开始工作，电动机得电运行。调节电位器R_{P2}，可获得电动机连续运行所需要的工作频率。

需要停机时，按下SB_2，K_1线圈失电，于是变频器的3DF端与R_{P2}的可动触点之间的联系被切断。同时，FR端与COM端之间的联系也断开，于是变频器内置的AC／DC／AC转换电路退出运行，电动机失电而停止工作。

变极变频调速电动机控制电路是如何工作的？

答：变极变频调速电动机控制电路如图6.14所示。该电路由主回路和控制回路两部分所组成。主回路包括低压断路器QF，变频器内置的AC／DC／AC转换电路，交流接触器$KM_1 \sim KM_3$的主触点以及热继电器KH_1、KH_2的元件等。控制回路包括控制按钮$SB_1 \sim SB_3$，交流接触器$KM_1 \sim KM_3$的线圈和辅助触点，时间继电器KT以及热继电器KH_1、KH_2的触点等。

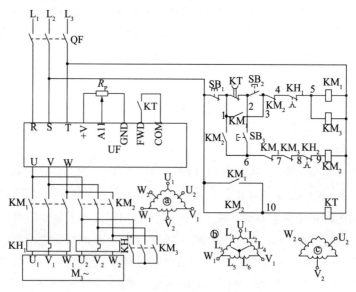

图6.14　变极变频调速电动机控制电路

（1）高速运行。合上电源开关QF，变频器的R、S、T端与控制回路同时得电。按下开关SB_2后，交流电流依次经过S端→SB_1→KT的触点（1-2）→SB_2→KM_2的触点（3-4）→KH_1的触点（4-5）→KM_1线圈（KM_3线圈）→T端。接触器KM_1、KM_3的线圈得电后吸合，KM_1的触点（1-3）闭合自锁，KM_1的触点（6-7）和KM_3的触点（7-8）断开，禁止KM_2线圈参与工作；KM_1的触点（S-10）闭合，时间继电器KT的线圈得电动作，其触点（1-2）瞬时断开，时间继电器在变频器上的触点（FWD-COM）闭合，变频器内置的AC／DC／AC转换电路工作，50Hz的三相交流电变换成一定范围内频率可调的三相交流电并送达变频器的U、V、W端。KM_1、KM_3接触器的主触点闭合后，使图6.14中电动机绕组由ⓐ型连接变为ⓑ型连接，电动机按星形高速运行。

（2）低速运行。合上电源开关QF，变频器的输入端R、S、T与控制回路同时得电。

按下开关SB_3，交流电流依次经过S端→SB_1→KT的触点（1-2）→SB_3→KM_1的触点（6-7）→KM_3的触点（7-8）→KH_2的触点（8-9）→KM_2线圈→T端，接触器KM_2的线圈得电吸合，其触点（1-6）闭合自锁；KM_2的触点（3-4）断开，禁止KM_1、KM_3线圈投入工作；KM_2的触点（S-10）闭合，时间继电器KT的线圈得电动作，其触点（1-2）瞬时断开，时间继电器在变频器上的触点（FWD-COM）闭合，变频器内置的AC／DC／AC转换电路工作，三相交流电压送达变频器的U、V、W输出端。接触器KM_2的主触点闭合后，电动机绕组按图6.14中的ⓒ型接法低速运行。

变极变频调速电动机控制电路应用时要注意以下事项:

（1）时间继电器KT的给定时间应大于电动机从高速降速到自由停止的时间。

（2）从高速到低速或从低速到高速的转换，必须在电动机停止后再操作。这种安全保证是由时间继电器延时闭合触点（1-2）来实现的。

6.2 变频器典型应用电路

一台变频器控制多台电动机电路是如何工作的？

答：一台变频器控制多台并联电动机电路如图6.15所示。该电路由主回路和控制回路等所组成。主回路包括低压断路器QF，交流接触器KM的主触点，变频器内置的AC／DC／AC转换电路，热继电器KH₁~KH₃以及三相交流电动机M₁~M₃等。控制回路包括按钮开关SB₁~SB₅，交流接触器KM的线圈以及继电器KA₁、KA₂等。

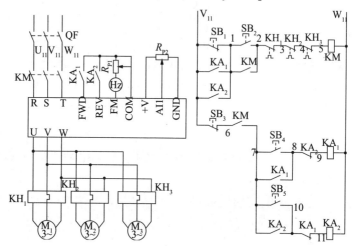

图6.15　一台变频器控制多台并联电动机电路

合上电源开关QF后，控制回路得电。

（1）正向运行。按下开关SB_2后，交流电流依次经过V_{11}→SB_1→SB_2→KH_1的触点（2-3）→KH_2的触点（3-4）→KH_3的触点（4-5）→KM线圈→W_{11}，KM线圈得电吸合并自锁，其触点（6-7）闭

合，为KA$_1$或KA$_2$继电器工作做好准备。接触器KM的主触点闭合，三相交流电压送达变频器的输入端R、S、T。

按下按钮开关SB$_4$后，交流电流依次经过V$_{11}$→SB$_3$→KM的触点(6-7)→SB$_4$→KA$_2$的触点(8-9)→KA$_1$线圈→W$_{11}$，KA$_1$线圈得电吸合并自锁；KA$_1$的动断触点(10-11)断开，禁止继电器KA$_2$参与工作；继电器KA$_1$的动合触点（V$_{11}$-1）闭合，封锁SB$_1$按钮开关的停机功能；变频器上的KA$_1$触点（FWD-COM）闭合，变频器内置的AC／DC／AC转换电路工作，从U、V、W端输出正相序三相交流电，电动机M$_1$～M$_3$同时正向启动运行。

（2）反向运行。当电动机需要反向运行时，先按下SB$_3$按钮开关，继电器KA$_1$的线圈失电复位，变频器处于热备用状态。

按下SB$_5$按钮开关，交流电流依次经过V$_{11}$→SB$_3$→KM的触点（6-7）→SB$_5$→KA$_1$的触点（10-11）→KA$_2$线圈→W$_{11}$，继电器KA$_2$的线圈得电吸合并自锁；KA$_2$的动断触点（8-9）断开，禁止继电器KA$_1$的线圈参与工作；KA$_2$的动合触点（V$_{11}$-1）闭合，迫使SB$_1$按钮开关暂时退出；变频器上的KA$_2$触点（REV-COM）闭合，变频器内置的AC／DC／AC转换电路工作，从U、V、W接线端输出逆相序三相交流电，电动机M$_1$～M$_3$同时反向启动运行。

如果需要让电动机正向运行，同样必须先按下SB$_3$按钮，KA$_2$线圈失电复位，变频器重新处于热备用状态。

（3）停机。如果需要长时间停机，可按下按钮SB$_1$，接触器KM的线圈失电复位，其主触点断开三相交流电源，然后再关断电源开关QF。

（4）应用时注意事项。由于并联使用的单台电动机的功率较小，某台电动机发生过载故障时，不能直接启动变频器的内置过载保护开关，因此，每台电动机必须单设热继电器。只要其中一台电动机过载，都将通过热继电器常闭触点的动作，将接触器KM线圈的工作条件中断，由交流接触器断开设备的工作电源，从而实现过载保护。

变频器控制风机调速电路是如何工作的?

答：变频器控制风机调速电路由4部分组成，即主回路、电源控制回路、变频器运行控制回路以及报警信号回路等，如图6.16所示。主回路包括低压断路器QF，交流接触器KM的主触点，变频器内置的AC／DC／AC转换电路以及三相交流异步电动机M等。电源控制回路包括控制按钮SB$_1$、SB$_2$，交流接触器KM的线圈以及电源信号指示灯HL$_1$等。变频器运行控制回路包括正转按钮开关SF，停止按钮开关ST，继电器KA，信号指示灯HL$_2$，复位按钮开关SB$_5$以及变速按钮开关SB$_3$、SB$_4$等。报警信号回路包括变频器内置的动合触点KF、信号指示灯HL$_3$以及蜂鸣器HA等。图中"Hz"是频率指示仪表。

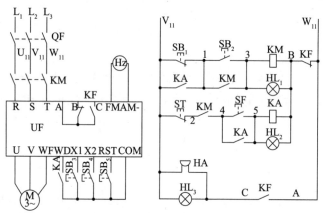

图6.16 变频器控制风机调速电路

（1）工作过程。合上电源开关QF后，控制回路得电进入热备用状态。

按下开关SB$_2$后，电流依次经过V$_{11}$→SB$_1$→SB$_2$→KM线圈→KF→W$_{11}$，KM线圈得电吸合并自锁，信号指示灯HL$_1$点亮，接触器主触点闭合，交流电压送达变频器的R、S、T输入端。同时，接触器的辅助触点（2-4）闭合，为继电器KA投入运行做好准备。

按下SF按钮开关后，电流依次经过V$_{11}$→ST→KM的触点（2-4）→SF的触点（4-5）→KA线圈→KF→W$_{11}$，继电器KA的线圈得电吸合并自锁，信号指示灯HL₂点亮，变频器上的FWD端与COM端接通，变频器内置的AC／DC／AC转换电路正常工作，变频电源送达U、V、W端，电动机得电运行。与此同时，继电器KA的触点（V₁₁-1）闭合，SB₁按钮开关被封锁，从而防止变频器运行中主回路工作电源被随意切断。需要升速时，按下SB₃按钮；需要降速时，按下SB₄按钮。

如果运行中电动机出现过载等故障，KF将发出故障信号，其触点（A-B）断开，继电器KA的线圈与接触器KM的线圈同时失电，交流电源将停止对变频器和电动机供电，系统停止工作。与此同时，KF的触点（C-A）闭合，信号指示灯HL₃点亮，蜂鸣器HA发出警报声。

正常工作中需要停机时，首先按下ST按钮开关，继电器KA的线圈失电复位，信号指示灯HL₂熄灭，变频器内置电路停止工作，KA的触点（V₁₁-1）释放，恢复SB₁开关的功能。

如果长时间不使用设备，可按下SB₁按钮，接触器KM的线圈失电复位，信号指示灯HL₁熄灭，接触器KM的主触点断开三相交流电源。

（2）应用注意事项。图6.16中与按钮开关SB₂并联的交流接触器KM的触点（1-3）为接触器KM的自锁触点，当按钮SB₂复位时，它可以保持KM线圈继续得电工作。与按钮SF并联的KA的触点（4-5）为继电器KA的自锁触点，当按钮SF复位时，它可以保持KA线圈继续得电工作。

变频器的升速时间可预置为30s，降速时间可预置为60s，上限频率可预置为额定频率，下限频率可预置为20Hz以上，X1功能预置为"10"，X2功能预置为"11"，或按设备使用说明书进行预置。

变频器工作频率的给定方式有数字量增减给定、电位器调节给定以及程序预置给定等多种。不同型号的变频器，其工作频率的给定方式会有所不同，使用中可根据变频器的具体条件酌情给定。

变频器控制起升机构电路是如何工作的？

答：变频器控制起升机构电路由主回路、电源控制回路和变频器运行控制回路三部分组成，如图6.17所示。主回路包括低压断路器QF、交流接触器KM的主触点、变频器内置的AC/DC/AC转换电路、三相交流异步电动机M、负荷开关QT、制动接触器KMB的主触点以及制动电磁铁YB等。控制回路包括控制按钮SB$_1$、SB$_2$，交流接触器KM的线圈及其辅助触点等。变频器运行控制回路包括24V直流电源，多挡选择开关SA，限位开关SQ$_1$、SQ$_2$，正反转变速继电器K$_2$~K$_6$，"0"位保护继电器K$_1$，制动继电器K$_7$的线圈以及制动接触器KMB的线圈等。

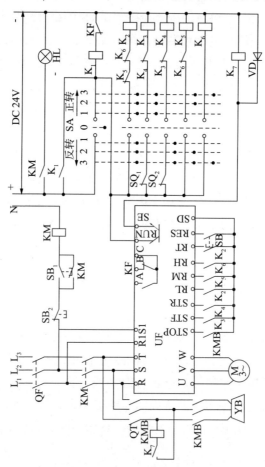

图6.17 变频器控制起升机构电路

（1）变频器各端子的作用。

● STOP端与SD端之间接通时，变频器保持原运行状态被自锁；当接触器KMB失电时，自锁功能随之消失。

●STF端、STR端由继电器K_3和K_4分别进行正反转控制。

●RL端、RM端、RH端由主令控制器SA通过继电器K_2、K_5、K_6进行低、中、高三挡转速控制。RT端为第二加减速控制端，它与低速挡端子RL同受继电器K_2控制以设定低速挡的升、降速时间。

●RES端为复位端，用于变频器出现故障并修复后的复位。

●RUN端在变频器预置为升降机运行模式时，其功能为，当变频器从停止转为运行，其输出频率到达预置频率时，内部的晶体管导通，从而使继电器K_7的线圈得电动作，接触器KMB得电吸合，STOP与SD之间接通，变频器保持运行状态，制动电磁铁YB得电并释放；当变频器输出频率到达另一预置频率时，内置晶体管截止，继电器K_7失电，KMB也失电，制动电磁铁YB失电并开始抱闸。

●B端、C端为变频器内置的动断触点，在控制回路中用"KF"表示。当变频器发生故障时，通过动断触点（B-C）将控制回路断开，使电动机停止工作。

（2）工作过程。合上电源开关QF，电源控制回路得电，同时通过R_1、S_1端子为变频器内置回路送电。合上负荷开关QT，为制动回路工作做好准备。

按下SB_1后，接触器KM的线圈得电并自锁，其辅助触点闭合，信号指示灯HL点亮。与此同时，接触器KM的主触点闭合，变频器的R、S、T端得电。

将主令控制器SA的手柄置于"0"位，继电器K_1的线圈得电吸合并自锁，为电动机不同方向的运行做好准备。然后，再根据需要操作主令控制器SA。

正转1挡：K_2、K_3继电器工作，SQ_1起作用。

正转2挡：K_2、K_3、K_5继电器工作，SQ_1起作用。

正转3挡：K_2、K_3、K_5、K_6继电器工作，SQ_1起作用。

反转1挡：K_2、K_4继电器工作，SQ_2起作用。

反转2挡：K_2、K_4、K_5继电器工作，SQ_2起作用。

反转3挡：K_2、K_4、K_5、K_6继电器工作，SQ_2起作用。

需要暂时停止使用时，将SA扳回到"0"位，电动机暂时停止工作。不再使用设备时，按下停止按钮SB_2，接触器KM的线圈失电复位，主回路电源被切断。

变频调速恒压供水电路是如何工作的?

答：多台电动机变频调速恒压供水电路由主回路、控制回路和信号指示回路等组成，如图6.18所示。

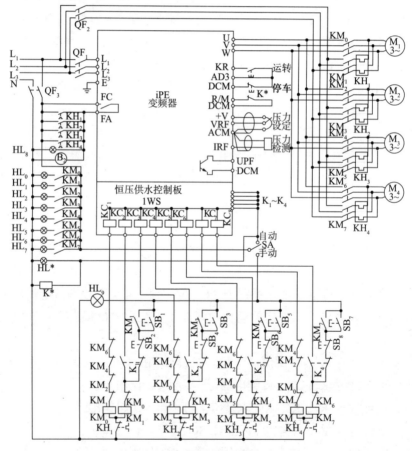

图6.18　变频调速恒压供水电路

主回路包括低压断路器QF_1、QF_2，变频器内置的AC／DC／AC转换电路，交流接触器KM_0、KM_2、KM_4、KM_6的主触点，KM_1、KM_3、KM_5、KM_7的主触点，热继电器$KH_1 \sim KH_4$的元件以及三相交流电动机$M_1 \sim M_4$等。

控制回路包括恒压供水控制板（内含$KC_1 \sim KC_8$），交流接触器$KM_0 \sim KM_7$的线圈和辅助触点，热继电器$KH_1 \sim KH_4$的触点，中间继电器$K_1 \sim K_4$（由于它们的技术参数和接法相同，图中采用了K★省略表示法），变频器的导通与截止按钮（运转、停车）及其外围配置（如压力设定、压力检测等器件）。

信号指示回路包括$HL_0 \sim HL_9$以及$HL_{01} \sim HL_{04}$（由于它们的技术参数和接法相同，图中采用了HL★省略表示法）。HL_9点亮，表示电路处于手动工作状态；HL★点亮，表示电动机处于自动工况下的工频运行状态。$HL_0 \sim HL_7$反映电动机是否在运行，如电动机M_3在运行，则HL_4或HL_5被点亮；HL_8点亮，表示有电动机过载等。

该系统选用三垦IPF系列变频器，配置4台7.5kW的离心式水泵。该变频器内置PID调节器，具有恒压供水控制扩展口，只要装上恒压供水控制板（IWS），就可以直接控制多个电磁接触器，实现功能强大且成本较低的恒压供水控制。该系统可以选择变频泵循环(自动)和变频固定(手动)两种控制方式。变频循环方式最多可以控制4台泵，系统以"先开先关"的顺序来关闭水泵。

（1）手动工作方式。当开关SA位于"手动"挡位时，开关SB_1、SB_3、SB_5、SB_7各支路进入热备用状态。只要按下其中任意一只按钮开关，被操作支路中的线圈将得电动作，与其相关的接触器主触点将闭合，电动机按工频方式运行。例如，若要让M_1电动机按工频方式运行，则按下SB_1，电流依次经过$L_1 \rightarrow QF_3 \rightarrow SA \rightarrow SB_1 \rightarrow SB_2 \rightarrow K_1$触点$\rightarrow KM_0$触点$\rightarrow KM_1$线圈$\rightarrow KH_1$触点$\rightarrow QF_3 \rightarrow N$，$KM_1$线圈得电动作，其动合触点接通自锁，动断触点闭合，禁止KM_0线圈工作。这时，KM_1主触点闭合，电动机M_1投入运行。需要停机时，按下按钮SB_2，KM_1

线圈失电复位，电动机停止工作。

（2）自动工作方式。合上QF_1，使变频器接通电源，将开关SA选择"自动"挡，按下"运转"按钮，中间继电器K_1动作，做好KC_2输出继电器支路投入工作的准备；恒压供水控制板IWS的输出继电器KC_1接通，KM_0线圈得电，其4个动断触点打开，禁止手动控制的KM_0线圈和自动控制的KM_2、KM_4、KM_6各线圈支路投入运行；KM_0的主触点闭合，启动电动机M_1按给定的压力在上下限频率之间运转。如果电动机M_1达到满速后，经上限频率持续时间，如果压力仍达不到设定值，则IWS的KC_1断开，KC_2接通，K_1闭合，KM_1线圈得电，将电动机M_1由变频电源切换至工频电源运行。

6.3 变频器联合PLC控制电动机

变频器和PLC控制的工频/变频电路是如何工作的？

答：图6.19所示为变频器工频/变频运行切换PLC控制电路和梯形图。输入/输出地址分配如表6.1所示，其对应的控制程序如表6.2所示。该电路由主回路和以PLC为核心的控制回路组成。主回路包括电源开关QF，接触器KM_1、KM_2、KM_3的主触点，继电器KA_1和KA_2的触点，热继电器FR，变频器内置的AC/DC/AC转换电路，电动机M等。控制回路包括PLC，控制按钮$SB_1 \sim SB_5$，选择开关$SA_1 \sim SA_2$，接触器KM_1、KM_2、KM_3的线圈，继电器KA_1和KA_2的线圈，蜂鸣器HA和指示灯HL等。

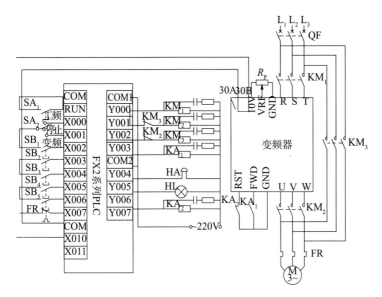

(a) 控制电路

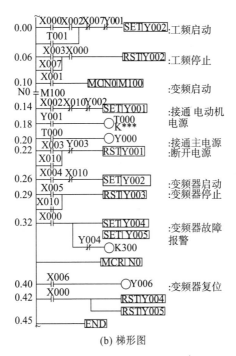

(b) 梯形图

图6.19 变频器工频/变频运行切换PLC控制电路和梯形图

表6.1 输入/输出地址分配表

输入地址		输出地址	
X000	工频运行方式	Y000	接通主电源至变频器KM₁
X001	变频运行方式	Y001	接通变频器电源至电动机KM₂
X002	工频/变频启动	Y002	按通主电源至电动机KM₃
X003	工频/变频停止	Y003	变频器启动KA₁
X004	变频器运行启动	Y004	灯光报警HL
X005	变频器运行停止	Y005	声音报警HA
X006	复位	Y006	变频器复位KA₂
X007	热保护		
X010	系统异常		

表6.2 工频/变频运行切换控制程序表

序 号	指 令	器件号
000	LD	X000
001	AND	X002
002	OR	T001
003	ANI	X007
004	ANI	Y001
005	SET	Y002
006	LD	X003
007	OR	X007
008	AND	X000
009	RST	Y010
010	LD	X001
011	MC	N0
	SP	M100
014	LD	X002

序　号	指　令	器件号
015	ANI	X010
016	ANI	Y002
017	SET	Y001
018	LD	X000
019	OUT	T000
—	—	K***
020	LD	T000
021	OUT	Y000
022	LD	X003
023	OR	X010
024	ANI	Y003
025	RST	Y001
026	LD	X004
027	ANI	X010
028	SET	Y003
029	LD	X005
030	OR	X010
031	RST	Y003
032	LD	X010
033	SET	Y004
034	SET	Y005
035	ANI	Y004
036	OUT	001
037		K300
038	MCR	N0
040	LD	X006
041	OUT	Y006

序　号	指　令	器件号
042	LD	X000
043	RST	Y004
044	RST	Y005
045	END	—

（1）PLC控制工频/变频切换。KM_1用于切换变频器的通断电；KM_2切换变频器与电动机的接通与断开；KM_3接通电动机的工频运行。KM_2和KM_3在切换过程中不能同时接通，需要在PLC内外通过程序和电路进行联锁保护。

变频器由电位器R_p进行频率设定。KA_1动合触点控制运行；KA_2动合触点控制复位；由30A、30B输出报警信号。

SA_1为转动开关，用于控制PLC运行。

SA_2为工频－变频切换开关，SA_2旋至X000时，电动机为工频运行；SA_2旋至X001时，电动机为变频运行。

SB_1、SB_2为工频/变频运行时的启动/停止开关；SB_3、SB_4为变频器运行/停止开关；SB_5为复位开关，用于对变频器进行复位。

（2）PLC控制原理。在PLC梯形图中，各逻辑行所实现的功能如下。

000：启动电动机工频运行。将SA_1开关旋合，PLC开始进入控制工作状态。将SA_2开关旋至"工频运行"位置，X000闭合，为工频运行做准备。按下按钮SB_1，X002闭合，Y002置位，KM_3动作，接通电动机工频运行。同时KM_3的辅助触点切断KM_2进行联锁。

006：停止电动机工频运行。当需要停机时，按下按钮SB_2，X003闭合，Y002复位，KM_3断开，电动机停止运行。在工频运行过程中，当电动机过热时，热继电器接通，X007输入，复位Y002。

010：启动电动机变频运行。将SA_2开关旋至"变频运行"位置，X001闭合，为变频运行做准备。

014：控制接通变频器电源到电动机。按下按钮SB_1，X002闭合，

Y001复位，KM₂动作，将变频器与电动机接通。同时KM₂的辅助触点切断KM₃进行联锁。

018：延时控制。为了实现先接通变频器至电动机，再接通主电源至变频器，需利用定时器进行控制。

020：控制接通主电源至变频器。Y000输出，KM₁动作，接通主电源至变频器。

022：断开工频电源。按下按钮SB₂，X003闭合，Y001复位，切断变频器电源。

026：启动变频器。按下按钮SB₃，X004闭合，Y003复位，KA₁动作，变频器控制电动机运转。同时Y003动断触点使Y001不能复位，即变频器在运行过程中不能切断电源。

029：停止变频器。按下按钮SB₄，X005闭合，Y003复位，KA₁断开，变频器停止工作。

032：变频器故障报警。在变频器运行过程中，若出现故障，变频器的30A、30B闭合，X010动作，Y004、Y005闭合进行声光报警；与此同时，X010将Y003、Y001复位，即变频器先停止后断电。同时Y004启动定时器T001，通过延时后将Y002接通，变频器转为工频运行。

040：变频器复位。在变频器出现故障时，操作人员将SA₂开关旋至"工频运行"位置，进行故障排除。在故障排除后，应按下复位按钮SB₅，使X006闭合，Y006导通，KA₂动作，对变频器进行复位。

当由于某种原因使变频器发出跳闸信号，变频器内部触点30A、30B断开时，输出继电器以及KM₂、KM₁、KA₁、KA₂也相继复位，变频器停止工作。与此同时，输出继电器Y004、Y005动作并保持，蜂鸣器HA、指示灯HL同时发出声光报警。另外，在Y001复位的情况下，变频器内置的时间继电器开始计时，其动合触点延时闭合，使输出继电器Y002动作并保持，KM₃得电动作，电动机自动转入工频运行状态。接到报警后，当班人员应立即将SA₂旋至"工频"挡，使输入继电器X000动作，控制系统正式转入工频运行方式，使输出继电器Y004、Y005复位，声光报警停止。

变频器外接PLC正转控制电路是如何工作的?

答：在许多场合，变频器的控制电路与PLC相结合，是十分方便的。一般来说，单独的电动机正转控制电路是没有必要通过PLC来控制的，但作为复杂控制电路的一个基本单元，则并不罕见。

变频器外接PLC正转控制电路如图6.20所示。

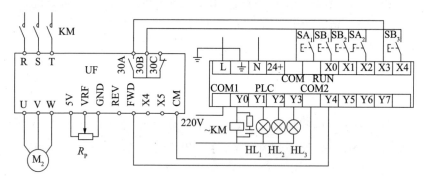

(a) 控制电路

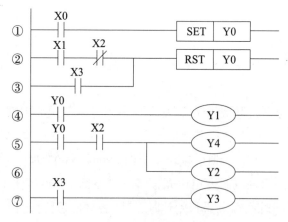

(b) PLC正转控制梯形图

图6.20　变频器外接PLC正转控制电路图

在输入侧，用转换开关SA$_1$使PLC开始运行；按钮SB$_1$用于使接触器KM动作；SB$_2$用来使KM失电释放；转换开关SA$_2$用于使变频器VF开始工作。

VF跳闸后的保护触点（30A-30B）接至PLC的X3和COM之间，一旦变频器发生故障，PLC将立即做出反映，使系统停止工作；按钮SB$_3$用于处理完故障后使系统复位（复位按钮）。

在输出侧，Y0与接触器KM的线圈相接，用于控制VF的通电或断电；Y1、Y2、Y3与指示灯HL$_1$、HL$_2$、HL$_3$相接，分别表示变频器通电、变频器运行及故障报警。

为便于说明其工作过程，对梯形图中的各"行"进行了编号。在分析梯形图的工作过程时，约定继电器"动作"的含义包括：线圈得电、动合(动合)触点闭合、动断(动断)触点断开；继电器复位的含义则相反。

电动机正转控制梯形图的程序见表6.3，可作为梯形图的编制说明与检验依据。

表6.3　电动机正转控制梯形图的程序

程序号	程　序	说　明	电路中的对应动作	所在行
变频器接通电源程序				
0	LD X0	X0得到信号并动作	按下启动按钮SB$_1$	①
1	SET Y0	Y0动作，并自锁	KM动作，变频器接通电源	①
变频器切断电源程序				
2	LD X1	X1得到信号	按下"停止"按钮SB$_2$	②
3	ANI X2	如X2得到信号，则取反后与之串联	如SA$_2$接通，说明变频器处于工作状态，不能断电	②
4	OR X3	X3与上述电路并联	变频器因故障而跳闸	③
5	RST Y0	Y0复位	KM复位，变频器断电	②
变频器运行程序（在上述断电程序并未实施的情况下）				

程序号	程 序	说 明	电路中的对应动作	所在行
6	LD Y0	Y0的辅助触点闭合	—	④
7	OUT Y1	Y1动作	HL₁亮，说明变频器已通电	④
8	LD Y0	Y0的辅助触点闭合	—	⑤
9	AND X2	如X2得到信号，则与之串联	SA₂旋至接通位	⑤
10	OUT Y4	Y4动作	变频器FWD接通，正转运行	⑤
11	OUT Y2	Y2动作	HL₂亮，说明变频器已运行	⑥
变频器跳闸后的故障程序				
12	LD X3	X3得到信号并动作	变频器跳闸	③
12	RST Y0	Y0复位	KM复位、变频器断电	②
13	LD X3	X3的又一触点闭合	变频器跳闸	⑦
14	OUT Y3	Y3动作	HL₃亮，发出报警信号	⑦
15	END	程序结束		

变频器和PLC控制的恒压供水电路是如何工作的?

答：（1）变频器的选用。选用ABB公司的ACSS00系列变频器，此系列变频器能充分利用变频器内部CPU的资源，实现了变频器与控制部分的一体化结构，内部具有PID调节功能，在一定条件下能自动切换。

（2）控制方式。选用西门子公司S7系列可编程控制器控制，PLC控制变频器调速，可以十分灵活地实现各项功能。水泵的控制方式为变频器一拖三的控制方式，其控制原理如图6.21所示。

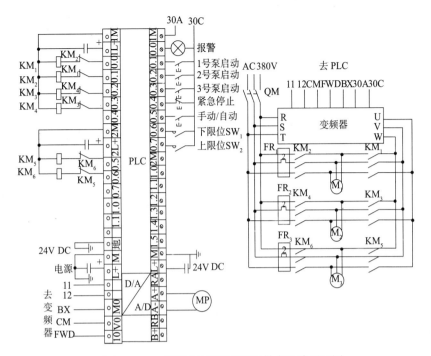

图6.21 PLC控制变频调速恒压供水电路原理图

（3）工作原理。

● 为防止水池缺水，水泵因空转而受到损害，设计水池低、高水位开关SW$_1$、SW$_2$。当水位低于标定低水位时，此信号输入PLC，变频器停止工作；当水位高于上限位开关SW$_2$时，信号输入PLC，发出报警。

● MP是远传压力表，PLC从远传表上取出反馈信号，然后输入变频器内部的PID调节器，PID设立目标值，目标值是用户要求的压力对应值，此值可以根据现场的用水量进行修改。工作时反馈值将随时与目标值比较，并按照预置的PID值调整变频器给定信号，从而调整水泵转速，改变水泵流量，使压力保持恒定。

● 设有手动/自动切换工作方式，在手动工作时3台水泵可以随意启动、停止，给检修带来方便。

● PLC控制3台水泵的工作原理。首先，1号泵在变频控制的情况下工作，当用水量增大，1号泵满负荷工作，即变频器工作频率达到

50Hz时，经过一段时间的延时使KM$_1$断开、KM$_2$吸合，1号泵切换为工频工作。同时变频器的输出频率降到0，然后KM$_3$吸合，2号泵投入运行。当2号泵也满负荷时，KM$_3$断开，KM$_4$吸合又使2号泵切换为工频工作，而3号泵投入变频工作。

 ## PLC联合变频器控制电梯电路是如何工作的？

答：（1）机型选用及控制要求。变频器选用三菱FR-E540，PLC选用FX$_{2N}$-48MR。设计一个三层微型电梯的控制系统，其控制要求如下：

● 电梯的运行电源由基站钥匙开关控制。

● 呼梯及选层控制。

顾客在电梯的非停靠站门厅呼梯后，电梯可自动启动并向呼梯站运行；若有多处呼梯要求时，电梯则按顺向停靠，反向等待的原则处理。

顾客在电梯的停靠站呼梯时，电梯将点动开门。

● 电梯停在一层或二层时，按3AX（三楼下呼）则电梯上行至3LS停止。

● 电梯停在三层或二层，按1AS（一楼上呼）则电梯下行至1LS停止。

● 电梯停在一层时，按2AS（二楼上呼）或2AX（二楼下呼）则电梯上行至2LS停止。

● 电梯停在三层时，按2AS或2AX则电梯下行至2LS停止。

● 电梯停在一层时，按2AS、3AX则电梯上行至2LS停止t秒，然后继续自动上行至3LS停止。

● 电梯停在一层时，先按2AX，后按3AX(若先按3AX，后按2AX，则2AX为反向呼梯无效)，则电梯上行至3LS停止t秒，然后自动下行至2LS停止。

● 电梯停在三层时，按2AX、1AS则电梯运行至2LS停止t秒，然后继续自动下行至1LS停止。

● 电梯停在三层时，先按2AS，后按1AS(若先按1AS，后按2AS，则2AS为反向呼梯无效)，则电梯下行至1LS停止t秒，然后自动上行至

2LS停止。

●电梯上行途中，下降呼梯无效；电梯下行途中，上行呼梯无效。

●轿厢位置要求用七段数码管显示，上行、下行用上下箭头指示灯显示，楼层呼梯用指示灯显示，电梯的上行、下行通过变频器控制电动机的正反转。

（2）I/O分配。根据三层电梯控制系统的控制要求，电梯呼梯按钮有一层的上呼按钮1AS、二层的上呼按钮2AS和下呼按钮2AX及三层的下呼按钮3AX，停靠限位行程开关分别为1LS、2LS、3LS，每层设有上、下运行指示（▲、▼）和呼梯指示，电梯的上、下运行由变频器控制曳引电动机拖动，电动机正转则电梯上升，电动机反转则电梯下降。将各楼层厅门口的呼梯按钮和楼层限位行程开关分别接入PLC的输入端子；将各楼层的呼梯指示灯（$L_1 \sim L_3$）、上行指示灯（$SL_1 \sim SL_3$ 并联）、下行指示灯（$XL_1 \sim XL_3$并联）、七段数码管的每一段分别接入PLC的输出端子。

通过以上分析可知，控制系统共有7个开关量输入点、14个开关量输出点。但因篇幅有限，本系统未涉及电梯轿厢的开和关。I/O设备及分配见表6.4。

表6.4　I/O分配表

输入口分配		输出口分配	
输入设备	PLC输入继电器	输出设备	PLC输出继电器
1AS（一层的上呼按钮）	X1	L_1（一楼呼梯指示灯）	Y1
2AS（二层的上呼按钮）	X2	L_2（二楼呼梯指示灯）	Y2
2AX（二层的下呼按钮）	X10	L_3（三楼呼梯指示灯）	Y3
3AX（三层的下呼按钮）	X3	$SL_1 \sim SL_3$（上行指示灯）	Y4
1LS（一楼限位开关）	X5	$XL_1 \sim XL_3$（下行指示灯）	Y5
2LS（二楼限位开关）	X6	上升STF	Y11
3LS（三楼限位开关）	X7	下降STR	Y12
		七段数码管	Y20 ~ Y6

（3）系统接线。为了使PLC的控制与变频器有机地结合，变频器必须采用外部信号控制，即变频器的频率（电动机的转速）由可调电阻R_p来控制，变频器的运行(即启动、停止、正转和反转)由PLC输出的上升（Y11）和下降（Y12）信号来控制，控制系统接线图如图6.22所示。

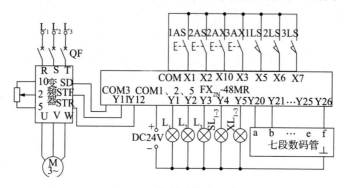

图6.22　控制系统接线图

（4）PLC程序的编制。电梯的控制程序是比较复杂的，编写复杂程序时，应设法将程序分成若干个小程序来编写。每段程序编写完后，可单独联机通过监控软件进行调试，最后再根据连锁关系进行统调。

电梯由各楼层厅门口的呼梯按钮和楼层限位行程开关进行操纵和控制，其中包括控制电梯的运行方向、呼叫电梯到呼叫楼层，同时电梯的起停平稳度、加减速度和运行速度由变频器加减速时间和运行频率来控制。

●各楼层单独呼梯控制。

一楼单独呼梯应考虑以下情况：电梯停在一楼时（即X5闭合）、电梯在上升时（此时Y4有输出），一楼呼梯（Y1）应无效，其余任何时候一楼呼梯均应有效；电梯到达一楼（X5）时，一楼呼梯信号应消除。

二楼上呼单独呼梯应考虑以下情况：电梯停在二楼时（即X6闭合）、电梯在上升至二三楼的这一段时间及电梯在下降至二一楼的这一段时间（此时M10闭合），二楼上呼单独呼梯（M1）应无效，其余任何时候均应有效；电梯上行（Y4）到二楼（X6）和电梯只下行（此时M5的动断触点闭合）到二楼（X6）时，二楼上呼单独呼梯信号应消除。

二楼下呼单独呼梯与二楼上呼单独呼梯的情况相似；三楼单独呼

梯与一楼单独呼梯的情况相似，其梯形图如图6.23所示。

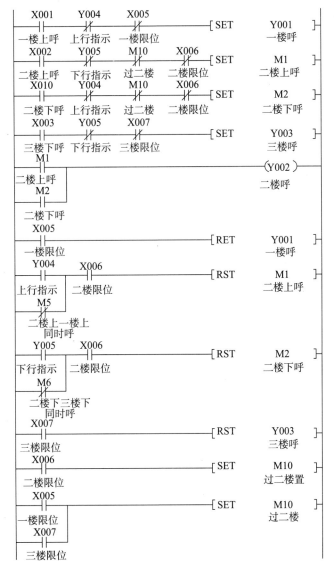

图6.23 各楼层单独呼梯控制梯形图

● 同时呼梯控制。

一楼上呼和二楼下呼同时呼梯（M4）应考虑以下情况：首先必须

有一楼上呼（Y1）和二楼下呼（M2）信号同时有效；其次在到达二楼（X6）时（此时M7线圈通电）停止t秒（t=T0定时时间－变频器的制动时间），t秒后（此时M7线圈无电）又自动下降。

三楼下呼和二楼上呼同时呼梯、二楼上呼（先呼）和一楼上呼（后呼）同时呼梯、二楼下呼（先呼）三楼下呼（后呼）同时呼梯的情况与一楼上呼和二楼下呼同时呼梯的情况相似，其梯形图如图6.24所示。

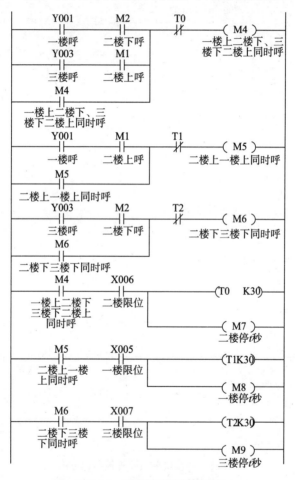

图6.24　同时呼梯控制梯形图

●上升、下降运行控制。

上升运行控制应考虑以下情况：三楼单独呼梯有效（即Y3有输

出）、二楼上呼单独呼梯有效（即M1闭合）、二楼下呼单独呼梯有效（即M2闭合）、三楼下呼和二楼上呼同时呼梯有效（即M4闭合）时（在二楼停*t*秒，M7动断触点断开）、二楼下呼和三楼下呼同时呼梯有效（即M6闭合时，在三楼停*t*秒，M9常闭触点闭合时转为下行），在上述4种情况下，电梯应上升运行。

下行运行控制的情况与上升运行控制的情况相似，其梯形图如图6.25所示。

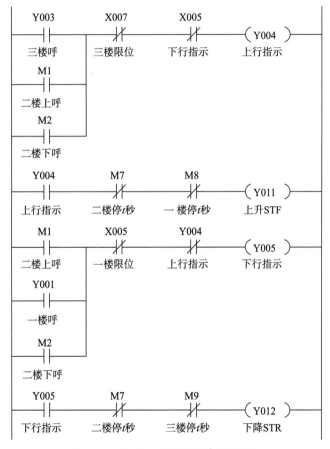

图6.25　上升、下降运行控制梯形图

（5）轿厢位置显示。轿厢位置用编码和译码指令通过七段数码管来显示，梯形图如图6.26所示。

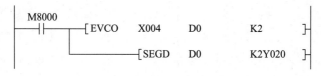

图6.26 轿厢位置显示梯形图

（6）变频器参数的设定。PLC 接收来自操作面板和呼梯盒的召唤信号、轿厢和门系统的功能信号以及井道和变频器的状态信号，经程序判断与运算后实现电梯的集选控制，PLC 在输出显示和监控信号的同时向变频器发出运行方向、启动、加速、减速、运行和制动停梯信号。

曳引电动机正转(或反转)控制及高速控制信号有效时，电动机开始从0~50Hz开始启动，启动时间在 3s 左右，然后维持 50Hz 的速度一直运行，完成启动及运行段的工作。当换速信号到来后，PLC 撤销高速信号，同时输出爬行信号，此时爬行的输出频率为5Hz。从50Hz到5Hz的减速过程在4s之内完成，当达到5Hz速度时电梯停止减速，并以此速度爬行。当平层信号到来后，PLC 撤销爬行信号，同时发出停梯信号，此时电动机从5Hz减速到0Hz，电梯停梯。正常情况下，在整个启动、运行、减速爬行段内，变频器的零速输出点一直是闭合的，减至0Hz之后，零速输出点断开，通过 PLC 抱闸及自动开门，电梯运行曲线如图6.27所示。

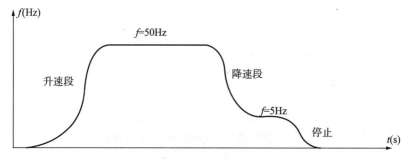

图6.27 电梯运行曲线

整个电梯动作过程可以分成如下部分：门厅按钮被按下，轿厢开始加速；轿厢到达限制速度，开始匀速运动；轿厢开始减速，准备平

第6章 变频器控制电动机电路

层；轿厢平层；触发开关门电动机，开始开门；到达开门限位，准备进入关门状态；触发开关门电动机，开始关门；到达关门限位，等待乘客进行轿厢内操作或者门厅召唤。图6.27中的运行曲线可通过变频器进行设置（括号内为参考设定值）。

- 上限频率Pr.1（50Hz）。
- 下限频率Pr.2（5Hz）。
- 加速时间Pr.7（3s）。
- 减速时间Pr.8（4s）。
- 过电流保护Pr.9（电动机额定电流）。
- 启动频率Pr.13（0Hz）。
- 适应负荷选择Pr.14（2）。
- 点动频率Pr.15（5Hz）。
- 点动加减速时间Pr.16（1s）。
- 加减速基准频率Pr.20（50Hz）。
- 操作模式选择Pr.79（2）。
- PLC定时器T0的定时时间（6s）。

以上参数必须设定，对于实际运行中的电梯，还必须根据实际情况设定其他参数。